临沂矿业集团十大采矿技术丛书

急倾斜煤层安全高效开采技术

主　编　齐东合　王成功　李乐成
　　　　茹新华　赵燕军　高建伟

中国矿业大学出版社
·徐州·

内 容 提 要

本书系统论述了临沂矿区急倾斜煤层柔性掩护支架开采理论和实用技术，基于临沂矿区多年的急倾斜煤层开采历史和形成的宝贵工程实践经验，构建了临沂矿区急倾斜煤层柔性掩护支架安全高效开采技术体系。主要内容包括急倾斜煤层发展及分类，开采覆岩运移及矿压显现，炮采和机采工艺设计，柔性掩护支架工作面几何尺寸及巷道布置，支架结构及强度计算，安全控制技术，并详细介绍了急倾斜煤层柔性掩护支架安全高效开采在山东东山矿业有限责任公司株柏煤矿的工程实践。

图书在版编目(CIP)数据

急倾斜煤层安全高效开采技术 / 齐东合等主编. —徐州：中国矿业大学出版社，2020.12

(临沂矿业集团十大采矿技术丛书)

ISBN 978-7-5646-4739-1

Ⅰ. ①急… Ⅱ. ①齐… Ⅲ. ①急倾斜煤层—煤矿开采—安全技术 Ⅳ. ①TD823.21

中国版本图书馆 CIP 数据核字(2020)第 073287 号

书　　名　急倾斜煤层安全高效开采技术
主　　编　齐东合　王成功　李乐成　茹新华　赵燕军　高建伟
责任编辑　章　毅　耿东锋
出版发行　中国矿业大学出版社有限责任公司
　　　　　　(江苏省徐州市解放南路　邮编 221008)
营销热线　(0516)83884103　83885105
出版服务　(0516)83995789　83884920
网　　址　http://www.cumtp.com　**E-mail**:cumtpvip@cumtp.com
印　　刷　江苏苏中印刷有限公司
开　　本　787 mm×1092 mm　1/16　**印张** 8.5　**字数** 213 千字
版次印次　2020 年 12 月第 1 版　2020 年 12 月第 1 次印刷
定　　价　32.00 元
(图书出现印装质量问题，本社负责调换)

《临沂矿业集团十大采矿技术丛书》编审委员会

《急倾斜煤层安全高效开采技术》编审委员会

主　任	齐东合
副主任	王成功　李乐成　茹新华　赵燕军　高建伟
委　员	杨现贵　宋海宁　高连庆　秦四祥　李吉利
主　编	齐东合　王成功　李乐成　茹新华　赵燕军　高建伟
副主编	夏文营　王崇欣　褚夫尧　邵珠娟　王庆玉　田本强 景所林　于同聚　朱凤文　胡啸啸　王连振　董建廷
参编人员	初立新　王茂富　刘顺娟　刘艳洲　曹　正　李荣洁 杜祥龙　高　岳　苏利国　王自波　聂基超　司荣彰 汤国雷　王运动　王奉华　吴军杰　岳　鹏　石兆亮 苑雪燕　杨党伟　杜中允　程　成　秦四祥　胡秀伦 秦春娜
主　审	刘春峰
副主审	彭立正　邓晓刚
审　稿	邵珠娟　李俊楠　闫家正

前　言

我国急倾斜煤层的储量大约占煤炭总储量的17%，其年产量仅占全国煤炭总产量的3.88%。急倾斜煤层的开采工艺与其赋存的地质条件密切相关。我国急倾斜煤层在三大成煤地质时期相对比较发育，煤层倾角大。南方地区有急倾斜煤层的煤田多于北方地区，且分布较广。据统计，北方地区急倾斜煤层储量约占全国急倾斜煤层总储量的62%，南方约占38%。近年来随着矿井开采强度的增加，优质煤炭资源迅速枯竭，为保证矿井的可持续发展，许多矿区不得不考虑急倾斜煤层开采，但是，由于缺少急倾斜煤层开采覆岩运动规律及合理开采方法等相关理论的支持，急倾斜煤层开采发展滞后。

大多数急倾斜煤层矿区的地质条件复杂，煤层厚度变化大，涉及薄、中厚、厚及特厚煤层。煤层倾角在45°～90°之间变化，就是在同一矿井，倾角也往往变化很大。急倾斜煤层在形成过程中由于受到构造运动的强烈挤压，煤层及其顶底板中节理、裂隙等软弱面比较发育，易失稳垮落，支护不当时易发生片帮与冒顶事故。这都给采煤工艺的选择、工作面及巷道的合理布置、支架的选型等带来了困难。再加上急倾斜煤层的开采技术有待完善，开采急倾斜煤层时存在诸如安全状况差、支架稳定性差、机械化程度低、采出率低、经济效益差、巷道掘进率高、工人劳动强度大等问题。

本书依托山东东山矿业有限责任公司株柏煤矿，针对急倾斜煤层开采过程中存在的上述问题，对急倾斜煤层柔性掩护支架开采理论和实用技术开展研究；基于临沂矿区多年的急倾斜煤层开采历史和形成的宝贵的工程实践经验，构建了临沂矿区急倾斜煤层柔性掩护支架安全高效开采技术体系，对于提高急倾斜煤层开采安全高效生产能力具有参考价值。

本书系统论述了急倾斜煤层发展及分类，开采覆岩运移及矿压显现，炮采和机采工艺设计，柔性掩护支架工作面几何尺寸及巷道布置，支架结构及强度计算，安全控制技术，并详细介绍了急倾斜煤层柔性掩护支架安全高效开采在山东东山矿业有限责任公司株柏煤矿的工程实践。

本书在编写过程中得到了董建廷、刘顺娟、秦四祥、王茂富、初立新、高岳、苏立国、李荣洁、李善强等学者和专业技术人员的帮助，另外还得到了山东科技大学及临矿集团公司等单位的帮助，在此一并表示感谢！

由于时间仓促和水平有限，书中可能存在错误和不足之处，敬请广大读者指正。

编　者

2019年10月

目　录

第一章 绪 论

急倾斜煤层是指赋存倾角大于 45°的煤层，此类煤层的安全高效机械化开采是一个世界性难题。我国急倾斜煤层的储量大约占煤炭总储量的 17%，其年产量仅占全国煤炭总产量的 3.88%。据统计，中国 626 处国有重点煤矿和地方煤矿中，开采急倾斜煤层的矿井有 103 处，占 16.5%。

近年来随着矿井开采强度的增加，优质煤炭资源迅速枯竭，为保证矿井的可持续发展，许多矿区不得不考虑急倾斜煤层开采，如山东、河北、安徽、江苏、贵州、四川、重庆、云南、新疆、甘肃、宁夏等省（区、市）矿区。此外西部经济发展相对比较滞后，煤炭资源的开采已经是其经济来源的重要组成部分，据统计西部矿区中 50%以上矿井开采的是急倾斜煤层，而急倾斜煤层开采的资源回收率不足 30%。由于缺少急倾斜煤层开采覆岩运动规律及合理开采方法等相关理论的支持，工作面围岩控制困难，安全状况差，劳动强度大，推进速度慢。

急倾斜煤层厚度不同，煤层开采的方法不同，工作面存在的主要问题与难点也不相同。对于薄及中厚急倾斜煤层，由于工作面只能沿煤层层面布置，倾角大，受工作面采煤设备歪斜、倒架、下滑等问题影响，我国现阶段在此类急倾斜煤层开采中采用综采开采的较少，主要采用炮采，以单体支柱或柔性掩护支架支护，机械化程度低、工人劳动强度大，支护系统不能有效封闭作业空间、稳定性差，工作面的安全可靠性低、产量低；对于厚及特厚急倾斜煤层，可采用倾斜分层或斜切分层方法开采，工作面比较平缓，不存在设备下滑和倾倒问题，综采开采技术较为成熟。因此迫切需要探索、研究薄及中厚急倾斜煤层的安全、高效、综合机械化开采技术。

研究表明，薄及中厚急倾斜煤层综采主要存在以下几点难题：

(1) 急倾斜煤层工作面上部的冒落煤矸石会向采空区下部滑落，对工作面下部采空区进行充填，引起工作面下部覆岩变形破坏范围小、工作面上部覆岩变形破坏范围大，在沿煤层倾斜方向的采空区中形成矸石的充填、滑空特征，造成急倾斜工作面、回采巷道的矿压显现呈非对称性特征，围岩控制困难。

(2) 急倾斜煤层工作面上部冒空范围或采动裂隙发育范围可能波及上巷及区段煤柱，造成上巷及区段煤柱稳定控制困难，区段煤柱失稳会将上区段采空区和本工作面导通，上区段采空区中的破碎岩体、水、瓦斯等溃入本工作面。此外煤柱失稳后煤柱承受的支承压力会迅速转移到工作面煤壁和支架上，造成片帮严重、支架压死、巷道围岩控制困难，同时产生的大量滑落煤岩体会推垮工作面综采设备，给工作面造成灾害。

(3) 急倾斜煤层工作面顶板受到平行于层面的分力要大于垂直于层面的分力，因此工作面综采设备主要受到平行于层面的倾斜推力作用，设备稳定控制困难。此外由于工作面上部顶板冒落空间大、支架接顶程度低，上部煤岩体受力大、破碎程度高，基本顶在采空区后方得不到冒落矸石的支撑作用，造成上部顶板运动剧烈，控制困难。

(4) 工作面割落或片帮产生的煤体、冒顶产生的矸石会沿工作面倾斜方向加速向下滑落，砸伤工作面工作人员、损坏设备，同时大量煤体整体下滑后会冲坏或堵塞工作面下出口，影响工作面正常生产。

(5) 随着煤层倾角的增大，急倾斜工作面底板将破断失稳，断裂的底板也可能向采空区下部滑移，给工作面带来灾害。

(6) 工作面设备下滑严重，人员行走困难，攀爬过程中没有可靠的着力点。

以上是薄及中厚急倾斜煤层长壁综采工作面开采过程存在的主要难题，是制约薄及中厚急倾斜煤层长壁综采技术发展的根本因素。因此为实现此类煤层的安全高效开采，迫切需要对薄及中厚急倾斜煤层长壁综采工作面覆岩运动规律及控制机理进行系统的研究。

国内急倾斜煤层赋存具有以下几个方面的特点：

(1) 煤层倾角变化大。不同矿井的煤层倾角在45°～90°之间变化，即使在同一矿井，煤层倾角也可能有较大变化，因而表现出复杂性。

(2) 煤层厚度变化大。煤层的厚度一般为1～30 m，煤层可分为薄煤层、中厚煤层、厚煤层及特厚煤层等。在同一煤层有时厚度变化也较大。

(3) 地质构造复杂。我国急倾斜煤层分布广泛，煤层倾角、煤层厚度、埋藏深度、围岩性质、地质构造多种多样，地质条件比较复杂，经受地质构造运动、断裂、岩浆活动等影响，一些煤层形成急倾斜的赋存状态。根据现有资料分析，我国急倾斜煤田的分布有以下特点。

① 成煤时间。根据地质资料统计，在有急倾斜煤层的75个煤田中，古生代煤田有45个，占60%，中生代煤田有26个，约占35%，新生代煤田有4个，约占5%。可见，成煤时间早，是我国急倾斜煤田的特点之一。

② 分布区域。从分布地区看，我国北方急倾斜煤层主要分布在两个地区——北部在阴山南麓的边缘地带，如开滦、本溪、辽源、通化、南票、兴隆、北京等煤田，南部分布在淮南煤田。西南和西北急倾斜煤层多分布在褶皱地带，如四川。

我国南方构造活动剧烈，所以急倾斜煤层相对分布较广，倾角也大，使得急倾斜煤田在数量上南方多于北方，但是急倾斜煤层总的储量上仍然是北方多于南方。据初步估算，北方的急倾斜煤层储量约占全国急倾斜煤层总储量的62%。

第一节 急倾斜煤层开采发展概述

急倾斜煤层开采方法一直是采矿技术中的难点，已经引起国家有关部门的重视。长期以来，人们对此做出了不懈的努力，并取得了可喜的进展。然而，由于急倾斜煤层开采条件的特殊性，开采方法仍然是这类矿井改善技术经济面貌的主要瓶颈。

近年来，随着经济的飞速发展，国外的主要产煤国家对煤炭资源的依赖程度逐渐降低，有些国家目前只开采一些赋存条件较为简单的煤层，也有些国家已经关闭了所有的煤矿。经过煤矿企业和科研单位的不懈努力，结合急倾斜煤层的各种采煤方法的重大改革，国内少数矿井已经试验并成功应用急倾斜煤层长壁综合机械化开采技术，填补了急倾斜煤层长壁综采的空白。国内在急倾斜煤层开采方法的演变方面主要分为以下几个阶段。

第一阶段：20世纪50年代初，进行了采煤方法的改革。各矿区根据不同的煤层赋存条件，推行倒台阶工作面、水平分层、巷道长壁和沿俯斜推进的掩护支架等采煤方法。部分采用风镐落煤，刮板输送机运煤和机械式回柱，用垮落法处理采空区，取得了提高工作面生产能力、减轻劳动强度、改善安全状况的效果，初步改变了急倾斜煤层矿井落后的技术经济面貌。

第二阶段：20 世纪 60 年代开始，急倾斜煤层开采技术的进步主要表现为改风镐落煤为电钻打眼爆破落煤。为扩大掩护支架的使用范围，淮南、开滦、徐州等矿区先后在掩护支架采煤法中成功应用“八”字形等掩护支架，克服了平板型支架的一些缺点，取得了较好的技术经济效果；此外，一些开采急倾斜煤层的矿井还进行了矿井开拓和巷道布置方面的改革，降低了掘进率，改善了巷道的维护条件；同时也对工作面回采工艺进行了改革，开始应用金属支柱和金属铰接顶梁，在水平分层工作面中采用金属网假顶，或因地制宜地利用竹笆、荆笆等作假顶材料，均取得了较好的技术经济效果。

第三阶段：20 世纪 70 年代中期开始，以淮南矿区首创的伪倾斜柔性掩护支架采煤法获得成功为标志。这种采煤法具有产量大、生产系统简单、巷道掘进量小、回采工序少、生产安全、材料消耗低和劳动效率高等优点。它的试验成功是急倾斜煤层开采技术上的一大进步，目前仍在许多矿区使用。为进一步提高急倾斜煤层开采的机械化程度，在此期间，北京、鸡西等矿区试验了滚筒式采煤机，四川攀枝花矿区试验了冲击式刨煤机，开滦、淮南矿区试验了用于掩护支架下机械化落煤的采煤机。此外，在一些矿区还进行过急倾斜煤层综合机械化采煤的试验。但总体来说，机械化试验成功率不高，能推广的更少。

第四阶段：20 世纪 80 年代末到 20 世纪 90 年代初，急倾斜煤层采煤方法得到进一步的改进，工作面长度加大、单产提高、安全条件进一步改善。如四川芙蓉矿务局巡场煤矿试验成功的俯伪倾斜走向长壁分段密集采煤法，是由伪倾斜短壁采煤法演变而成的一种采煤方法，具有产量大、通风条件好、便于顶板管理的特点。

几十年来，我国在研究和改进急倾斜煤层开采技术方面已做了大量的工作，取得一个又一个重大的技术成果，开采急倾斜煤层矿井的技术经济面貌也在不断得到改善。

国外开展急倾斜煤层综合机械化开采技术方面研究的国家主要有苏联、法国、德国、英国、印度等。早在 20 世纪 70 年代，苏联就在急倾斜煤层开采方面进行了一定规模的试验和研究，研制了适合急倾斜和大倾角煤层综采的各类液压支架和采煤机，并在此基础上对大倾角特别是 45°以上的急倾斜煤层开采工艺及采场围岩控制进行了较系统的研究，为苏联急倾斜煤层综采开采奠定了理论基础。

乌克兰顿涅茨煤矿机械设计院自 1986 年开始为顿巴斯的龙恩-亚卡矿井和奥尔忠尼基煤炭工业管理局所属的叶娜基也夫卡娅煤矿设计了急倾斜煤层采煤机及其相配套的支护设备，并装备了 54 个综采工作面，为了保证采煤机在急倾斜煤层工作面上行时牵引部所需要的牵引力，在工作面巷道（上部的回风巷中）安装了绞车，并将采煤机牵引部连接到绞车系统上。

德国将赫姆夏特液压支架（设计用于缓倾斜煤层）进行改装，用于开采急倾斜煤层。在应用过程中，与曼斯菲尔德支架（可用于倾角 70°以上的煤层）或威斯特伐里亚支架结合以辅助防倒、防滑。

另外，印度以其东北部煤田为基地，研究了应用于急倾斜煤层的柔性支架采煤法、巷柱充填采煤法、掩护支架采煤法、综合机械化采煤法。西班牙在帕里奥和圣安托尼奥煤田使用机械化装备开采了倾角大于 40°的煤层。

总体来说，俄罗斯、波兰、英国、德国、法国、美国和澳大利亚等国，由于其急倾斜煤层的赋存条件好和构造相对简单，且经济发达、科学技术先进、产业政策合理、生产力发展水平高、煤矿机械化程度高、煤炭采出率高、人工工效高、经济效益好，因此，急倾斜煤层的采煤方法以机械化开采为主。其采煤方法的种类比我国的要少，主要有水平分段放顶煤采煤法、巷道放顶煤采煤法和房柱式采煤法，在工艺上以普采和综采为主。

综上所述，在急倾斜煤层开采技术方面，国外的相关研究较少，且主要集中在开采装备方面；国内急倾斜煤层开采以非机械化为主，但综合机械化开采的研究水平居于国际该领域的前沿。1998 年，由西安科技大学(原西安矿业学院)与四川华蓥山矿务局及煤炭科学研究总院北京开采所合作完成“绿水洞煤矿大倾角煤层综采技术研究”成果，使我国大倾角煤层综合机械化开采的研究处于国际领先地位。回顾几十年来急倾斜煤层采煤方法的改革进程，我国急倾斜煤层开采方法大致向两个方向发展。一是视急倾斜煤层倾角大为不利因素，按缓倾斜煤层工作面布置及回采工艺模式设计急倾斜煤层开采方法。例如俯伪倾斜走向长壁分段密集采煤法。这些开采方法在工作面通风及回采工艺上取得了较大的进步，然而，在回采过程中，尽管工作面的坡度减小了，煤层及其顶底板的倾角却是始终无法改变的，采场顶底板仍按其某些固有的规律运动，工作面矿压显现也不同于缓倾斜煤层。因此，这些开采方法的顶板管理工作比缓倾斜煤层复杂得多，也是其效益难以发挥的主要原因之一。二是充分利用急倾斜煤层倾角大、煤层易沿倾斜方向垮落的特点设计的开采方法，如从仓储、高落式采煤法到长孔爆破采煤法，在通风安全条件、工人劳动强度等方面得到了一些改善，但采出率低、单产低、煤质差等问题仍然存在。

从我国采矿工业的发展来看，工艺改革仍是采矿技术发展的核心。缓倾斜煤层开采效果的不断改善是回采工艺不断进步的结果，从房柱式到短壁，从短壁到长壁一直到综采放顶煤，使缓倾斜煤层的开采效果一步步大幅度提升。急倾斜煤层也不例外，随着工艺的改革开采效果也在不断改善之中。但工艺改革的成功离不开采矿基本理论尤其是采场围岩运动规律及控制的研究。多年来，与缓倾斜煤层开采方法相比，急倾斜煤层采煤方法的改革是非常活跃的，到目前为止，急倾斜煤层采煤方法已达几十种之多。然而，在急倾斜煤层采煤方法改革的过程中，人们往往只注重工艺的创新，而忽视了采场围岩运动规律的研究，因而难以从根本上改善急倾斜煤层的开采效果。

急倾斜特厚煤层水平分段综采放顶煤是急倾斜煤层开采方法改革的重要成果之一。它充分利用了急倾斜煤层倾角大、煤层易垮落、顶板稳固性相对较好的特点，利用了综采放顶煤的优势，形成了自己较为完整的矿压控制及回采工艺的理论体系，真正实现了急倾斜煤层开采的高产高效，是急倾斜煤层采煤方法改革的一个里程碑。然而，水平分段综采放顶煤采煤法只能用于厚度在 20 m 以上的急倾斜煤层，而我国特别是南方矿区，急倾斜煤层的厚度大部分在 10 m 以下，以中厚煤层居多，并且赋存条件复杂。这些煤层的开采方法种类繁多，但大部分还不成熟，存在许多问题。巷道放顶煤采煤法为该类煤层的开采找到了一条有效的途径，并在采取一定手段后可以用于急倾斜硬煤层放顶煤。

我国急倾斜煤层开采的总体趋势将朝着两个主要的方向发展。第一个方向是实现机械化开采，把缓倾斜煤层的回采工艺引入急倾斜煤层是一种途径，研制新的适合急倾斜煤层的轻型机械显得尤为迫切。第二个方向则是向放顶煤发展，放顶煤仍是急倾斜煤层采煤方法改革的一个很有潜力的发展方向。对于急倾斜厚煤层可以采用水平分段综采放顶煤采煤法，对于中厚-厚煤层可以采用巷道放顶煤采煤法。

第二节　急倾斜煤层采煤方法分类

在20世纪50年代初期，我国对大倾角煤层主要采用倒台阶式采煤法。这种采煤方法的特点是工人在倒台阶的伞檐下工作，防止上部落煤和冒落矸石的窜砸，若下部台阶支护失败，顶板冒落，极易使失效和破坏向上蔓延，引发工作面大面积垮落。到20世纪70年代，我国淮南矿区大通煤矿提出了一种新的掩护支架采煤方法——伪倾斜柔性掩护支架采煤法。该方法依据掩护支架结构的不同可分为多种形式，其特点是工作面支架在安装之后依靠冒落矸石的作用自动调整和前移，工作面呈伪倾斜布置，沿走向推进。掩护支架与矸石充填体的共同作用构成的支护体系分布于伪倾斜工作面全长，有效支撑、控制了工作面顶板，避免了急倾斜和大倾角长壁工作面上部因采空区顶板大面积悬空，压力大，矸石下滑冲击支柱，而发生窜矸、堵面、伤人事故。该采煤方法的理想条件是煤层厚度2～6 m，倾角在60°以上，赋存比较稳定。到20世纪80年代我国出现了以伪倾斜体系为代表的多种采煤方法，如走向长壁分段密集采煤法和走向分段密集支柱采煤法等。

我国急倾斜煤层的采煤方法的分类方法很多，在广泛征求采煤专家、学者、现场工程技术人员意见的基础上，用类比法，类比缓倾斜与倾斜煤层采煤方法的分类办法，先将急倾斜煤层的采煤方法分为壁式体系和柱式体系两大类，再根据急倾斜煤层采煤工作面巷道布置、采煤工艺与矿压控制特点，提出采煤方法的分类。

一、　壁式体系采煤方法

壁式体系采煤方法，主要特点是以长工作面采煤。其主要特点如下：

(1) 采煤工作面长度较长，通常为40～110 m。

(2) 随着采煤工作面推进，煤层顶板暴露面积增大，矿山压力显现较为强烈。

(3) 采煤工作面可用风镐、爆破、滚筒式采煤机或刨煤机破、装煤，用与采煤工作面平行铺设的溜槽或刮板输送机运煤，用支柱(架)支护工作空间，采用自然垮落法、强制放顶垮落法或充填法处理采空区。

(4) 在采煤工作面两端，一般至少各有一条巷道，构成完整的生产系统。

壁式体系采煤方法的分类如下：

(1) 按煤层厚度不同分为薄煤层采煤法、中厚煤层采煤法和厚煤层采煤法。

(2) 按采用的采煤工艺不同，可分为人工采煤法、风镐采煤法、爆破采煤法、普通机械化采煤法和综合机械化采煤法。

(3) 按采空区处理方法不同，可分为自然垮落采煤法、刀柱(煤柱支撑)采煤法、强制放顶垮落法、充填采煤法。

(4) 按采煤工作面布置及推进方向的不同，可分为走向长壁采煤法和倾斜长壁采煤法。

(5) 按是否将煤层全厚进行一次开采，可分为整层采煤法和分层采煤法。薄煤层、厚度小于3 m的中厚煤层采用整层采煤法；厚度较大的厚煤层、特厚煤层既可采用整层也可采用分层采煤法。

整层采煤法主要按采煤工艺特点不同，可分为两种：

① 单一长壁采煤法。“单一”即表示不分层，多用于薄及中厚的急倾斜煤层。在急倾斜

煤层中，为减小工作面倾角，采煤工作面可沿伪倾斜布置。

② 掩护支架采煤法。在急倾斜煤层中，随着采煤工作面俯斜或俯伪倾斜采煤，利用柔性掩护支架自重及其上方垮落的矸石重量下放支架，并在支架掩护下实现整层采煤。

分层采煤法特点是将煤层划分为若干个采高为 2～3 m 的分层，分层的开采顺序有上行、下行两种，用垮落法处理采空区一般为下行，用充填法处理采空区一般为上行。根据分层方法的不同可分为如下几种：

① 水平分层。分层与水平面相平行，通常用下行垮落采煤法。

② 斜切分层。分层与水平面成一定角度，通常采用下行垮落采煤法。

③ 水平分段放顶煤采煤法。与水平分层相似，但分段高度为分层高度的 3～4 倍及以上，在分段内进行放顶煤采煤。

二、 柱式体系采煤方法

柱式体系采煤方法以房、柱间隔进行采煤为主要标志。主要特点如下：

(1) 在煤层内布置一系列宽为 5～9 m 的煤房，采煤房时形成窄(短)工作面成组向前推进。房与房之间留设煤柱，煤柱宽为数米至二三十米不等，每隔一定距离用联络巷贯通，构成生产系统，并形成条状或块状煤柱，支撑顶板。

(2) 采煤房时矿山压力显现较缓和，用锚杆支护工作空间，支护较简单。

(3) 采煤用爆破或连续采煤机配套设备。采煤在一组煤房内交替作业。

(4) 采掘合一，掘进准备也是采煤过程，回收房间煤柱时，也使用同一种类型的采煤配套设备。

高度机械化的柱式体系采煤方法，一般只分为房式采煤法和房柱式采煤法两类。房间煤柱不回收，作为永久煤柱支撑顶板的称房式采煤法；房间煤柱作为暂时支撑，在煤房开采结束后进行回收的称为房柱式采煤法。工艺落后的柱式体系采煤法类型较多，除上述外，还可有巷柱式、残柱式、高落式，早期应用较多，近来仅限于特殊条件下(如煤层赋存极不稳定或回收护巷煤柱等)使用。由于生产系统及安全性等方面存在一定问题，这些采煤方法统称为非正规采煤法。

此外，水力采煤法主要有倾斜短壁式和走向短壁式两种。这种方法实质也是柱式体系采煤方法的一种。

急倾斜煤层采煤方法的主要特征见表 1-1。

表 1-1　急倾斜煤层采煤方法的主要特征

序号	采煤方法	体系	整层与分层	推进方向	采空区处理方法	采煤工艺	适应煤层的基本条件
1	正台阶式采煤法		整层	走向	垮落	风镐、炮采	急倾斜薄及中厚煤层为主
2	斜台阶式采煤法		整层	走向	垮落	风镐、炮采	急倾斜薄及中厚煤层为主
3	普通机械化采煤法		整层	走向	垮落	机采	急倾斜薄及中厚煤层为主
4	综合机械化采煤法		整层	走向	垮落	机采	急倾斜薄及中厚煤层为主
5	俯伪倾斜分段密集支柱采煤法	壁式	整层	〗	垮落	机采、炮采	急倾斜薄及中厚煤层为主
6	柔性掩护支架采煤法		整层	走向	垮落充填	机采、炮采	急倾斜中厚及厚煤层为主
7	水平分层采煤法		分层	走向	垮落	炮采、机采	急倾斜厚及特厚煤层
8	水平分段放顶煤采煤法		分段	走向	垮落	综采为主	急倾斜特厚煤层
9	巷道放顶煤采煤法		分段	走向	垮落	综采为主	急倾斜特厚煤层

表 1-1(续)

序号	采煤方法	体系	整层与分层	推进方向	采空区处理方法	采煤工艺	适应煤层的基本条件
10	仓储采煤法	柱式	整层	走向或倾向	垮落	炮采	急倾斜中厚及厚煤层为主
11	斜坡采煤法		整层	走向或倾向	垮落	炮采	急倾斜中厚及厚煤层为主
12	水力采煤法		整层	走向或倾向	垮落	水采	不稳定煤层、急斜煤层

第二章 急倾斜煤层开采覆岩运移及矿压显现

薄及中厚急倾斜煤层长壁综采工作面存在倾角大、设备稳定性差、工作人员安全保障系数低等问题，需要对急倾斜煤层开采覆岩运动规律及工作面围岩、设备稳定控制机理等进行系统研究。

急倾斜工作面煤岩体的非对称性受力和采空区非对称性矸石充填与压实特征，使得直接顶形成"厂"形承载壳体、基本顶破断形成倾斜的砌体梁结构，需要研究覆岩结构失稳方式、覆岩受力变形与工作面开采参数之间的相互影响、支架-围岩承载特征，对急倾斜工作面支架工作阻力进行计算分析，总结得出急倾斜工作面矿压显现规律。急倾斜工作面覆岩运动主要呈现出如下几点特征：

(1) 急倾斜工作面沿倾斜方向的采动应力呈非对称性分布。

(2) 急倾斜工作面上部顶板冒落（垮落）的破碎矸石会向下滑动或滚动，沿采空区倾斜方向形成不同压实程度的矸石充填带，形成采空区上部冒落下部充填的非对称性特征；当煤层倾角达到一定程度时，工作面底板也有可能向下滑移。

(3) 急倾斜工作面顶板来压表现为工作面中上部来压强度和动载系数较大，工作面下部较缓和。

第一节 急倾斜煤层开采覆岩运移规律

急倾斜含煤地层形成的历史比较复杂，地表移动的表现形式包括连续变形和非连续变形，而且地表移动受多种地质和采矿条件的影响，研究的难度很大，至今国内外尚没有公认的理论成果和便于应用的预计方法。

急倾斜（大倾角）煤层开采在开采沉陷方面的研究主要体现在两个方面：一是急倾斜煤层开采地表连续移动与变形方面的研究；二是急倾斜煤层开采地表非连续移动与变形方面的研究。

一、 急倾斜煤层开采岩层移动规律

国外急倾斜（大倾角）煤层的开采主要集中在苏联所属地区，在德国、法国、西班牙、印度等国家也有一些开采矿井。在 20 世纪 70 年代到 80 年代中期，苏联对急倾斜（大倾角）煤层开采技术的研究比较系统，也具有较高的水平，特别是针对岩层移动而提出了"三带"理论，使人们对覆岩移动的过程有了全面的认识，但这一理论还不能充分揭示急倾斜煤层开采后的岩层移动模式。

研究表明，急倾斜煤层长壁工作面沿走向的采动应力分布同样存在着超前支承应力集中区、减压区和采空区压实稳压区。沿倾斜方向由于采场覆岩所受的重力可分解为垂直于层面和平行于层面的两个分力，且平行于层面的分力要大于垂直于层面的分力，同时由于煤层倾角大，工作面上部直接顶冒落后会向采空区下部滚落，对采空区下部进行充填，使工作

面下部顶板得到一定的支撑，而工作面上部顶板往往处于悬空状态，形成了采场覆岩沿倾斜方向的非对称性受力特点，采动覆岩离层与垮落呈非对称分布特征。

急倾斜煤层开采后岩层移动的主要特征和水平煤层开采条件下有显著的不同，覆岩破坏范围的最终形态也与水平煤层开采有较大的区别。在开采急倾斜煤层时，覆岩破坏的范围主要位于采空区偏上山方向的上方。岩层在自重作用下，直接顶岩层在产生法向弯曲的同时，易受沿层理面法向分力的作用而产生沿层理面向采空区方向的移动和滑落。当煤层倾角接近或大于 50°时，这种现象可扩展到煤层的底板岩层。同时直接顶顶板上端易被拉断或剪断，在采空区的上端易形成一个梁结构支撑其正上方的覆岩，在直接顶的中段易形成悬臂的板，其中下部由于冒落矸石的充填，对顶板起到支撑作用。同时采空区上部未采的煤层直至地表，由于底煤层的冒落或岩板滑动，而易产生冒落坑和塌陷漏斗。整个采场覆岩形成不同形态的类似抛物线拱的平衡力学支撑结构。而覆岩顶板两端由于受到未冒落顶板与底部矸石的支撑形成“厂”形弯曲，形成“厂”形移动拱，并逐步向上位岩层扩展。

依据观测和研究的结果，急倾斜煤层开采岩层移动过程中，采空区周围岩层移动形式有以下三种：

(1) 弯曲。弯曲是岩层移动的主要形式，受采动影响上覆岩层从直接顶开始沿层理面的法线方向，依次向采空区方向弯曲，直至地表。在整个弯曲的范围内，岩层具有保持连续性和层状结构的特点，可作为弹性或弹塑性的板来建立模型。

(2) 岩层的垮落或冒落。直接顶岩层弯曲而产生拉伸、剪切变形，当拉伸或剪切强度超过岩石的允许强度后，岩板断裂、破碎充填到采空区，由于破碎其体积增大，而使其对直接顶下段起到支撑作用，上部岩层移动逐渐减弱。在采区顶端未采煤层由于受采动影响和顶部应力的变化易破碎而冒落到采空区，在顶部易形成煤层的滑动冒落。

(3) 岩层沿层面滑移。岩层沿层面滑动是急倾斜煤层开采岩层移动的一种特殊形式，由于岩石的自重力方向与岩层层理面不垂直，有一个沿层面的分量使岩石易产生沿层理面方向的移动。岩层移动使采空区上山方向的岩层发生拉伸，甚至被剪断，而下山方向的部分岩层受压缩，使地表出现塌陷漏斗、陡坎或台阶状下沉盆地。

急倾斜煤层开采引起的岩层移动，表现出以下不同的类型：

(1) 弯曲型。在急倾斜煤层开采后，上覆岩层以板弯曲的形式移动，岩层各分层的下端固定在采空区开切眼底部沿层面垂直线以下，岩石不发生位移，其上部岩层各分层产生弯曲移动，各分层维持层状的连续性和层状结构，地表移动表现为不对称的连续移动盆地。

(2) 滑移型。在急倾斜煤层开采条件下，煤层的顶底板易产生沿层面的滑移，由于煤层倾角和岩层性质与结构的不同，可分为上盘岩层移动和下盘岩层移动两种方式。

急倾斜煤层岩层移动的不同方式导致了覆岩破坏范围的大小和形态不尽相同，这些除了与采空区大小及顶底板岩性及组合有关外，还与煤层倾角的大小有直接的关系。其最终的主要形态特点如下：

(1) 破坏性影响更加偏向于采空区上边界，采空区下边界显著减少。

(2) 除顶板岩层外，破坏性影响还波及底板岩层及采空区上边界的所采煤层。

(3) 随着煤层倾角及顶底板和所采煤层力学强度差异性的增加，岩层移动最终形成一种拱形力学平衡结构，在这种力学平衡结构中岩层移动又表现出与水平煤层开采不同的形态，岩层呈现“厂”形移动形态。

(4) 达到一定采动程度后，在采空区走向方向上，垮落带、裂缝带高度在开切眼和停采线附近高于采空区中央，形成明显的不对称沉陷分布形态。

二、 急倾斜煤层开采岩层结构形态

(一) 急倾斜煤层水平分层开采

1. 急倾斜煤层水平分层开采岩层移动机理

特厚急倾斜煤层分层开采时，在浅部开采阶段，采空区上方强度较低的煤体，因下方存在自由空间，应力得到释放而垮落。由于浅部开采阶段开采空间狭小，采动影响范围有限，在顶底板和上方煤体的重力作用下，垮落不会到达地表，而是在某一高度形成应力拱结构，抑制其上方煤岩体向采空区垮落。

随着下分层的开采，采动影响范围扩大，上方煤体进一步垮落，顶板发生弯曲、垮落。采空区上方应力拱结构向上转移，拱的跨距也增大。当采空区竖直上方垮落发育至地表时，顶板岩层上端失去支撑，使得深部开采阶段基本顶岩层只能以悬臂梁的形式向采空区回转断裂、垮落充填采空区，并且发育到一定高度后，断裂的基本顶岩块相互咬合，在倾向上形成新的平衡结构——铰接岩梁结构。

应力拱结构消失后，岩层内部结构发生变化，顶板岩层沿层理面法向发生悬臂弯曲，同时产生沿层理面的滑移，底板沿剪切面滑移破坏。这时开采便进入了深部阶段。

2. 急倾斜煤层水平分层开采岩层结构

特厚急倾斜煤层水平分层开采时，浅部开采阶段岩层以应力拱结构控制岩层移动，深部开采阶段岩层以铰接岩梁结构控制岩层移动。根据覆岩破坏形式，将采动岩层移动区分为松散岩块区和层状岩层区。特厚急倾斜煤层水平分层开采具有显著的重复开采和变方向传播的特征。随着工作面自上向下逐层布置回采，地表移动盆地具有向顶板侧扩展和下沉值不断累积的特点，最终形成一个整体的移动盆地。

水平分层浅部开采初期，覆岩破坏范围小，垮落形态呈不对称拱形。拱结构位于顶板岩层，倾斜横跨于采空区上下两端，上下拱脚分别位于采空区上下煤体中，如图 2-1 所示。由于这种拱结构的存在，特厚急倾斜煤层水平分层浅部开采阶段覆岩破坏存在以下特征：

(1) 采空区上方煤层先于顶板岩层垮落。

(2) 顶板垮落步距比相同条件下缓倾斜煤层的大。

(3) 采空区充填特征为下部充填、上部悬空。

(4) 随采深增大，覆岩破坏范围扩大。在采空区沿顶板法向，垮落范围扩大；竖直方向上煤岩体也进一步垮落，垮落高度增加。

特厚急倾斜煤层水平分层浅部开采时，覆岩在倾向上形成的拱结构(应力拱)支撑采空区上方覆岩载荷。随开采向深部扩展，应力拱范围不断扩大，当开采到一定深度后，应力拱上方煤岩体垮落将发育至地表，顶板岩层上端失去支撑，基本顶只能以悬臂梁的形式向采空区回转断裂、垮落。由于破碎岩块充填到采空区，采空空间上部悬顶岩层与松散岩体接触。受采空区垮落矸石的支撑，基本顶悬臂梁的回转空间变小，断裂的岩块相互咬合，在倾向上形成新的平衡结构——铰接岩梁结构，如图 2-2 所示。

铰接岩梁一端位于采空区倾向下方煤体上，另一端位于采空区中浅部垮落岩体上，向煤

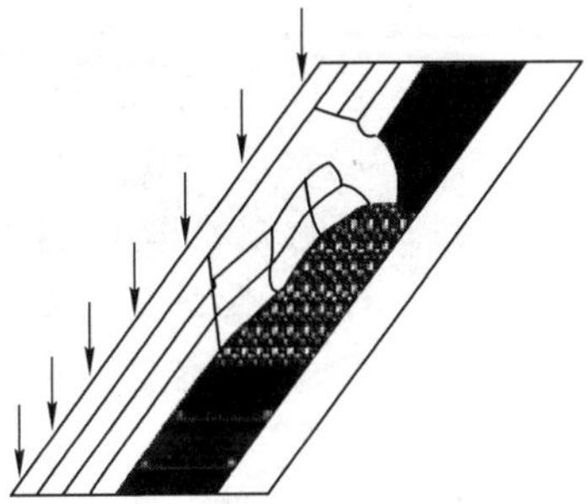

图 2-1　水平分层浅部开采阶段拱结构

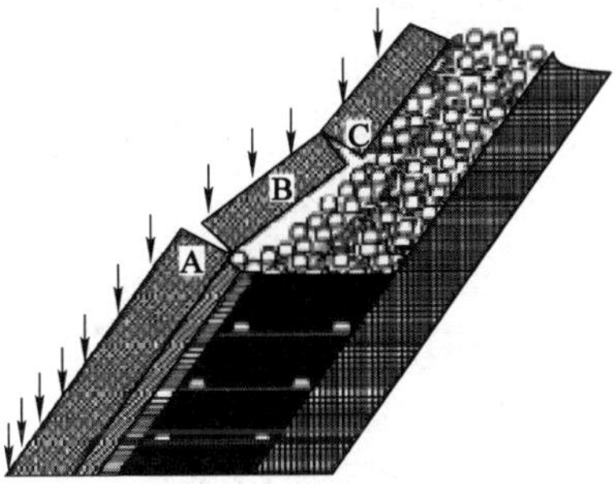

图 2-2　深部开采阶段铰接岩梁结构

壁前方和矸石上传递采空区上方悬露岩层的部分重量。铰接岩梁平衡结构的形成，使得特厚急倾斜煤层水平分层深部开采阶段的覆岩破坏特征与浅部开采阶段差别较大：

（1）采空区竖直上方垮落发育至地表，地表煤层露头处及其附近形成塌陷坑。

（2）采空区法向垮落高度显著增大。

（3）顶板岩层垮落具有周期性。采深不大时，顶板岩层垮落周期长；采深增大后，顶板岩层垮落周期短。

深部开采阶段，水平分层开采岩层移动的传播方向随倾向位置不同而变化，岩层移动在采空区顶板附近沿法向、底板附近沿岩层面、中间部分沿竖向传播，体现了采空区上方垮落岩石滑移与顶板岩层法向弯曲交织进行的特征。

（二）伪倾斜柔性掩护支架开采

急倾斜煤层通常采用伪倾斜柔性掩护支架采煤法，采用这种方法的工作面伪倾斜布置，沿走向推进，在开切眼至初次放顶阶段，采场面积较小，顶底板和所采煤层的应力变化、岩层移动和开裂垮落范围也小，采动影响尚不能发展到上部岩层，仅影响一定范围内的岩层，且主要表现为应力变化及开裂、冒落。煤层开采后，直接顶岩层运动以破断、冒落为主，由于倾角的影响和岩层沿倾斜方向的稳定性特征，采场倾斜方向上直接顶岩层的冒落高度是不同的。煤层倾角、采高、直接顶破碎指数、直接顶综合稳定指数和冒落矸石的下滑充填度等因素都直接影响冒落高度的分布，最大冒落高度位于采场上出口附近。采场下段采空区后方冒落矸石能较早地起到支撑作用，在冒落矸石和上覆岩层的作用下，采场下段的直接顶也比上段能较早地处于稳定。大量的现场实测数据表明，采场上段的直接顶岩层能全部垮落，冒落后沿倾斜方向下滑，以填充下部采空区，而采场中段上面的直接顶岩层沿走向将有可能形成“砌体拱”小结构，其上部岩层将发生变形，产生位移。冒落矸石下滑充填，使采场倾斜方向下段的直接顶不能充分向下运动，通常只有最大分层及其附近的岩层冒落，其上各分层则均以各自岩性允许的块度断裂并整齐排列，较上部的分层在走向上具有一定跨度的“砌体拱”小结构。由于采场下段较好地受到矸石的充填作用，这些“砌体拱”对上覆岩层的结构有一定支撑作用，对于垮落带上方的岩层，由于岩块的尺寸大于下落空间，这部分岩块会整体平稳下沉。直接顶中的这些“砌体拱”小结构是大变形区域，可称为下位岩层，这些结构的稳定可以阻止覆岩的变形向上覆岩层扩展。

急倾斜煤层开采直接顶的断裂、冒落形式直接影响到整个上覆岩层的岩层移动模式。由于组成岩层的岩石是脆性材料，容易被沿法线方向剪断或拉断，当采场形成一定空间后，直接顶上段的岩层受自重力的影响而发生冒落，并逐步向上位岩层扩展，采场正上方未冒落岩层形成支撑横梁结构。基本顶覆岩受自重力的作用向采空区内弯曲，底部受矸石支撑，因而基本顶岩板两端受支撑作用而形成一个类似“厂”形弯曲的岩层移动结构，这种岩层移动模式逐渐向上覆岩层扩展，并延伸到地表，形成地表的不对称性沉降，急倾斜煤层采动覆岩的这种岩层移动结构模式称为“厂”形移动拱。“厂”形移动拱的左拱为上覆岩层，即采场的顶板，左拱岩板受到自重应力的分力作用而向采空区弯曲。“厂”形移动拱上端的支撑是水平横梁，水平横梁由未冒落的下位岩层构成，主要受到左拱上端的压力而保持稳定，同时对左拱的上端起支撑作用。在采空区顶部水平横梁的下方有“砌体拱”小结构，“砌体拱”小结构对水平横梁下部岩体的冒落起控制作用，防止采空区顶部岩体继续向上冒落，影响水平支撑横梁的稳定。

急倾斜煤层开采岩层移动形成的“厂”形移动拱形态与水平煤层开采形成的岩层移动形态有不同的特征，其传力机制和受力方式有较大的不同。水平煤层开采上覆岩层只受到竖向荷载和自重力的作用，采空区上方的岩层通过组合梁（板）将重力载荷传到两侧的支座上，形成岩体的平稳下沉。当附加应力超过岩石强度极限时，直接板便断裂而冒落，岩体将发生变形，产生位移。当垮落的岩体尺寸小于开采空间时，岩体可以在开采空间内自由移动，这部分岩体构成了水平煤层开采的垮落带，称为下位岩层。垮落带上方的岩层由于尺寸大于下落空间，这部分岩块会平稳地下沉，而且保持层状沿法向方向弯曲，形成整体移动带，称为上位岩层。上位岩层以板弯曲的形式变形。

然而，急倾斜煤层直接顶上覆岩层的冒落和破坏对岩层移动起到重要的作用。在采空区直接顶上端岩层易被拉断或剪断，采空区直接顶的倾斜岩层受到上端横梁的水平推力和最下段冒落矸石的支撑，形成一个“厂”形移动拱结构。随工作面的推进，倾斜岩层达到极限跨距时，形成破断板块继续向采空区冒落，岩块在开采区内形成的垮落带，也可以称为下位岩层，同时“厂”形移动拱结构不断向上扩展，在拱内的岩板受到水平横梁的约束而成为四边固支板，拱形外的上覆岩层则是三边固支岩板。而“厂”形移动拱左侧的倾斜岩层在水平横梁支撑和基本顶自重力的作用下形成整体弯曲移动带，称其为上位岩层。

对于急倾斜煤层开采，也同样可以把上覆岩层分为直接顶岩层、下位岩层和上位岩层。上位岩层易产生变形和整体弯曲，与下位岩层相比，岩层的变形程度明显要小，属于小变形区，上位岩层的分层特征和整体性保持完好。层与层之间的力学性质各不相同，属于小变形区，各分层可看成小挠度板的“叠合”。

第二节　急倾斜煤层开采矿压显现特征

一、 采准巷道矿压显现特点

开采急倾斜煤层时,采区巷道的受压状况可根据巷道围岩的移动量及移动速度、支架的变形和折损情况加以判断。一部分采区巷道如运输平巷、回风平巷和采区石门等会受到因采动而引起的移动支承压力的影响。根据巷道受压状况的不同,急倾斜煤层中沿走向布置的采区平巷可分为如下三个不同的受压地带:

(1) 未受移动支承压力影响带。该带中巷道围岩的移动主要由掘进引起,岩石变形的主要形式是沿层面产生松动和顶部稍有弯曲,且变形量较小,一般为几十毫米。

(2) 移动支承压力影响带。该影响带范围内巷道围岩的最大压力有可能比原岩应力大一倍,因而这个带内巷道围岩状况会发生很大变化。巷道很可能会产生两帮移近、底鼓和支架变形等一系列矿山压力显现现象。

(3) 移动支承压力影响带后方。通常该带中围岩移动量很小,根据观测,巷道状况主要取决于开采深度、巷道支护方法和服务年限等因素。

层状岩体中的巷道,其受压状况与岩层倾角密切相关。急倾斜煤层中,巷道围岩压力主要来自煤层仰斜方向的斜上方,这就是一些开采急倾斜煤层的矿井中常见到巷道靠仰斜方向的支架变形更为明显的原因。对于顶帮岩层,由于弯曲变形受到深部岩层的阻挠以及顶帮比底帮更大程度上受三角岩柱下滑力作用,顶帮鼓出通常发生在巷道上半部,而底帮鼓出多发生在其下半部。并且巷道顶帮一侧比底帮一侧的移动量更大,更容易产生破坏。急倾斜煤层中,平巷的主要变形形式是顶帮岩石沿层面法线方向移动,使巷道宽度缩小。总的来说,影响采区巷道稳定性的主要因素有岩石性质和结构特征、开采深度、支承压力、巷道支护质量、护巷方法、顶板管理方法等。

二、 采煤工作面矿压显现特点

(1) 急倾斜薄及中厚煤层的工作面矿压显现特点

① 在有些急倾斜煤层矿井中观测表明,在超前煤壁前方约 20 m 处已发现煤体中顶底板开始移近。随着工作面推进,其移近量和移近速度都有所增长,但强度不大,约为 2 mm/d。当测点进入工作空间后,移近速度急剧增长到约 16 mm/d。不同观测资料表明,煤壁前方顶底板移近量和移近速度随地质条件的不同而相差明显。

② 开采急倾斜煤层时,采空区冒落的矸石在重力作用下大多不能停留在原地,而是沿煤层倾斜方向向下滑落。研究表明,当煤层倾角大于滑动角时冒落的矸石就将产生滑落,且倾角越大滑落得越厉害,致使采空区下部得到自溜充填,阻止或减缓其顶板继续冒落,故顶板比较稳定。而采空区上部自由空间高度加大,在一段时间会出现“放空”现象,造成垮落带高度增加,从而造成工作面上部顶板不如下部稳定。因此往往要求工作面上部支架的工作阻力和下缩量均比下部的大些。在工作面上部以及新工作面刚开采不久时,容易出现冒顶事故,应当针对这些问题加强顶板管理工作。

(2) 急倾斜厚煤层的工作面矿压显现特点

与急倾斜薄及中厚煤层相比，由于急倾斜厚煤层厚度大、储量大、开采时间长，开采过程中引起的围岩变形移动较为剧烈，影响范围也更大，矿山压力显现特征与薄及中厚煤层有所不同。工作空间的支承压力根据位置的不同可分为残余支承压力和移动支承压力。

① 残余支承压力的存在，常对采区巷道维护造成不良影响。受此影响的巷道不仅围岩移动量增加，还常引起支架变形折损、煤体破碎及片帮等。开采急倾斜煤层时，受残余支承压力长期作用的平巷或溜煤眼要经常检修，个别严重的区域甚至需多次重新支护。

② 移动支承压力，通常出现在工作面煤壁前方。根据急倾斜煤层工作面沿走向、沿俯斜或沿仰斜推进方向的不同，超前支承压力可分别出现在工作空间的前方、下方或上方。超前支承压力引起的矿压显现随工作面推进方向的不同而不同。一般来说，当用仰斜的充填法开采时，由支承压力引起的煤体塑性破裂区范围比用俯斜的冒落法开采时大很多，且处于悬吊状态的松散煤体易向采空区冒落，使工作面煤体及顶板的支护管理更为复杂。因此从安全生产观点考虑，最好是俯斜开采。当工作面推进到有残余支承压力的影响带时，就会出现超前支承压力与残余支承压力叠加的情况。叠加支承压力的影响对采区巷道的维护极为不利，受其影响的煤体稳定性大为降低，常使护巷煤柱和石门保护煤柱等遭到破坏，甚至造成安全事故。遇到这种情况时，应非常注意加强有关巷道的支护管理。

三、 覆岩应力分布数值模拟

（一）采动应力分布规律

为了有效掌握急倾斜煤层工作面在采动影响下的应力分布规律，考虑到现场实测整个采动影响范围内围岩的应力分布规律难度比较大，而数值模拟研究可以较好地显示采场应力分布规律，且研究过程较为简单、易于再现工作面实际开采过程，因此利用数值模拟软件，建立了急倾斜工作面采场数值计算三维模型，如图 2-3 所示。

急倾斜煤层工作面沿走向的应力分布与近水平煤层和中倾斜煤层开采相似，重点研究沿煤层倾斜方向的采动应力分布规律。以煤层倾角 60°、走向长壁综采工作面为开采条件，急倾斜工作面采场的垂直应力、剪切应力和工作面不同位置的超前支承压力分布如图 2-4、图 2-5 所示。

由图 2-4、图 2-5 可知急倾斜工作面采动覆岩的应力分布具有如下特征：

（1）急倾斜工作面沿煤层倾斜方向采动覆岩中的垂直应力和剪切应力分布具有明显的不对称性。在采动影响下工作面顶底板的一定范围内处于卸压状态，其中顶板中的卸压等值线沿倾斜方向呈正“厂”形，造成工作面上部卸压宽度和高度大，顶板冒落空间大，基本顶断裂后旋转变形大，支架围岩稳定性差；工作面采空区中下部由于冒落煤矸石的充填支撑作用，垂直压力等值线的变化较平缓，支架和围岩间相互作用力小；底板中的卸压等值线沿倾斜方向呈倒“厂”形分布；工作面两端的区段煤柱中的垂直应力集中程度处于较高水平，不利于区段煤柱的稳定（尤其是工作面上端头处）。

（2）从剪切应力的影响范围看，剪切应力在底板中的影响范围要大于顶板，沿工作面倾斜方向呈近似椭圆形分布，煤层附近的顶底板和区段煤柱中剪切应力水平较高，尤其是工作面上下端头处的顶底板和区段煤柱中。同时由于煤岩体的抗压强度远小于其抗拉强度，急倾斜工作面顶底板和区段煤柱受剪切破坏的危险系数大于压破坏。急倾斜工作面下部采空区由于煤矸石的充填作用抑制了下部顶底板和煤壁的失稳，工作面上端头的顶底板和区段

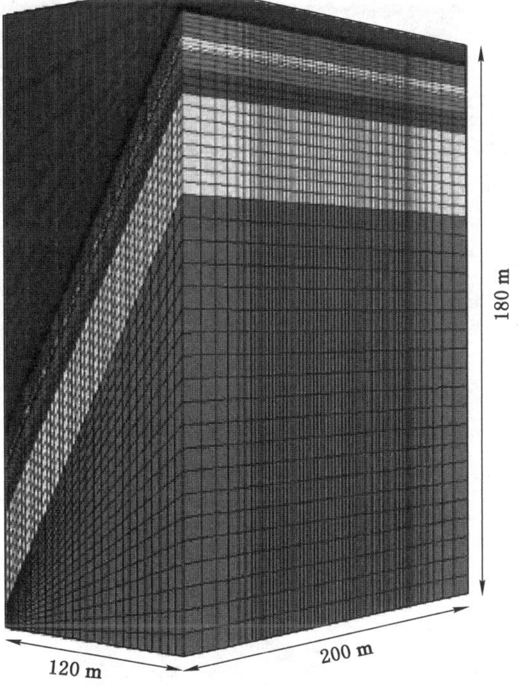

图 2-3　数值计算模型

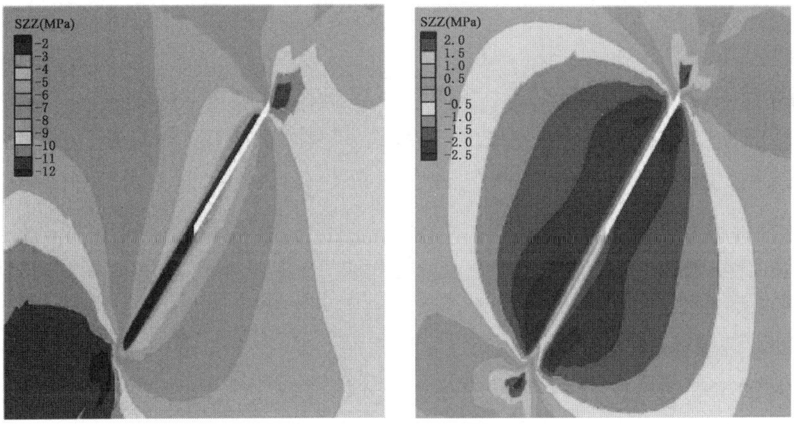

(a) 垂直应力　　(b) 剪切应力

图 2-4　采场垂直应力和剪切应力分布规律

煤柱是主要破坏失稳区域，顶底板和煤柱破坏后要向工作面下部滑动或滚动而影响工作面正常生产。此外区段煤柱失稳后工作面上端头的压力瞬间转移到工作面上端部的煤壁处，造成上端部煤壁片帮严重。

（二）主要影响因素

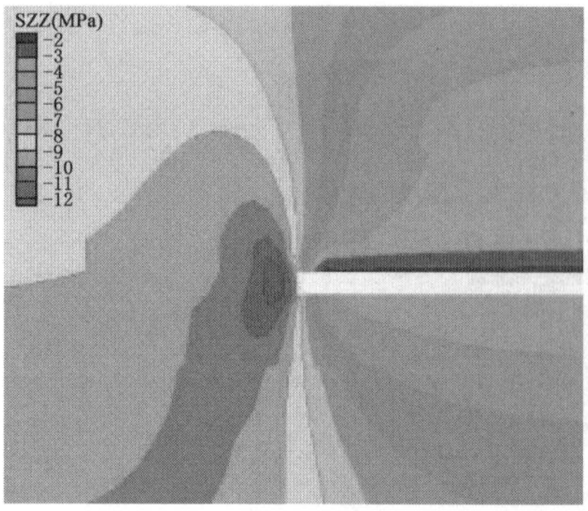

(a) 工作面上部

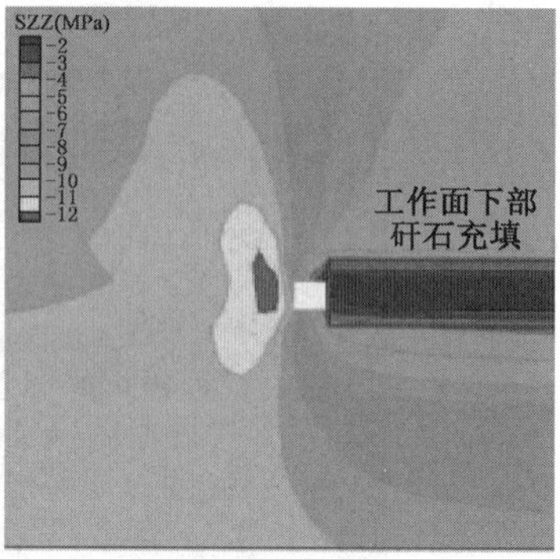

(b) 工作面中部

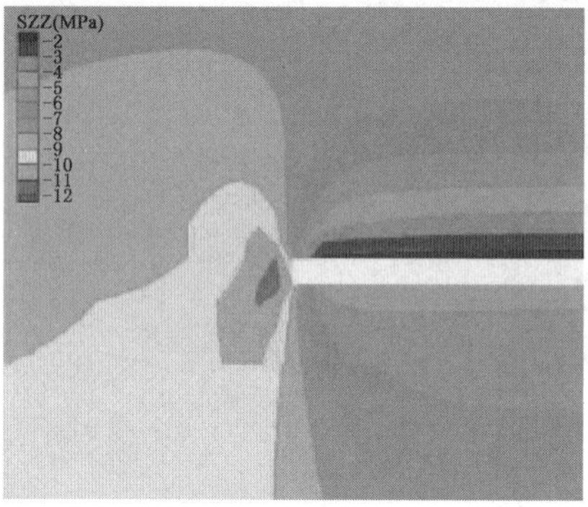

(c) 工作面下部

图 2-5　采场超前支承压力分布

1. 工作面长度对覆岩应力分布的影响

工作面煤层倾角一定时，开采长度不同，顶底板和区段煤柱中的应力集中程度、卸压范围(卸压拱高度和宽度)、超前支承压力影响范围都具有不同的分布规律。工作面长度短则开采扰动范围小，支架围岩稳定性好，但工作面单产低，巷道掘进率高，区段煤柱丢煤多，资源回收率低。

急倾斜综采工作面长度一般不会太长，模拟研究当煤层倾角为 60°，工作面长度分别为 40 m、60 m、80 m、100 m、120 m、140 m 时的采场应力分布特征，具体结论如下：

(1) 工作面开挖后，采场围岩中应力重新分布，工作面长度越长采动影响范围越大，工作面上下端头煤柱中的应力集中程度越高，可知急倾斜工作面合理长度的选择与煤层的强度、顶底板岩性、区段煤柱的留设尺寸有关，煤柱留设尺寸偏大、煤体和顶底板力学强度较大时工作面长度可以适当加长。

(2) 随着工作面长度的增加，卸压拱高度和宽度都逐渐增加，卸压拱拱顶距工作面上端头的距离呈先增加后趋于稳定的变化规律，因此急倾斜工作面长度越大，工作面上部顶板的运移范围越大，越不利于工作面围岩设备稳定控制。

2. 煤层倾角对覆岩应力分布的影响

煤层倾角是影响急倾斜煤层开采与近水平或中倾斜煤层开采矿压显现差异的根本因素，煤层倾角越大急倾斜工作面受力的非对称特征越明显，矿压显现的非对称性越突出。为此对煤层倾角分别为 45°、50°、55°、60°时采场覆岩应力分布规律进行了分析，如图 2-6

至图 2-8 所示。

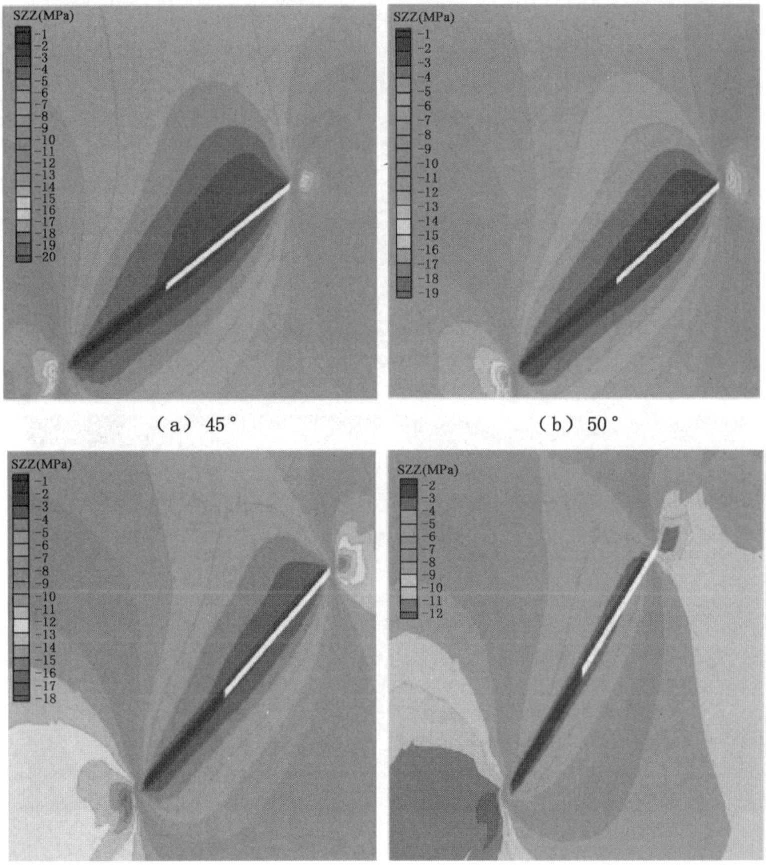

（a）45°　　（b）50°

（c）55°　　（d）60°

图 2-6　不同倾角时采场覆岩垂直应力分布特征

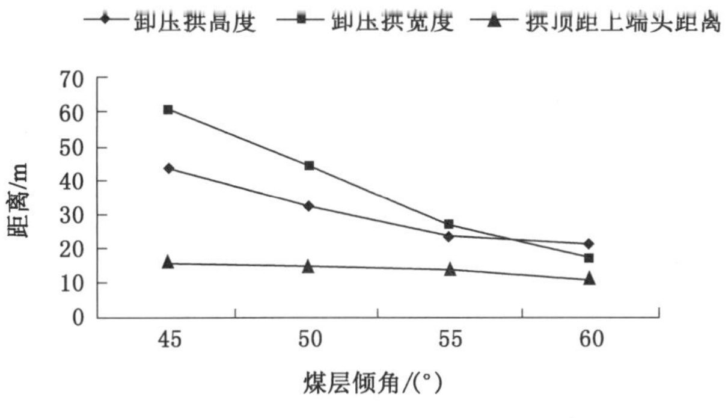

图 2-7　不同倾角时采场覆岩卸压特征

分析得出煤层倾角对采场覆岩应力分布规律的影响为：

(1) 随着煤层倾角的增大，采空区顶底板中卸压拱的高度和宽度都逐渐减小，且顶板中拱顶变尖上移，底板中拱顶变尖下移，采空区两侧煤岩体中垂直应力集中程度降低，但垂直

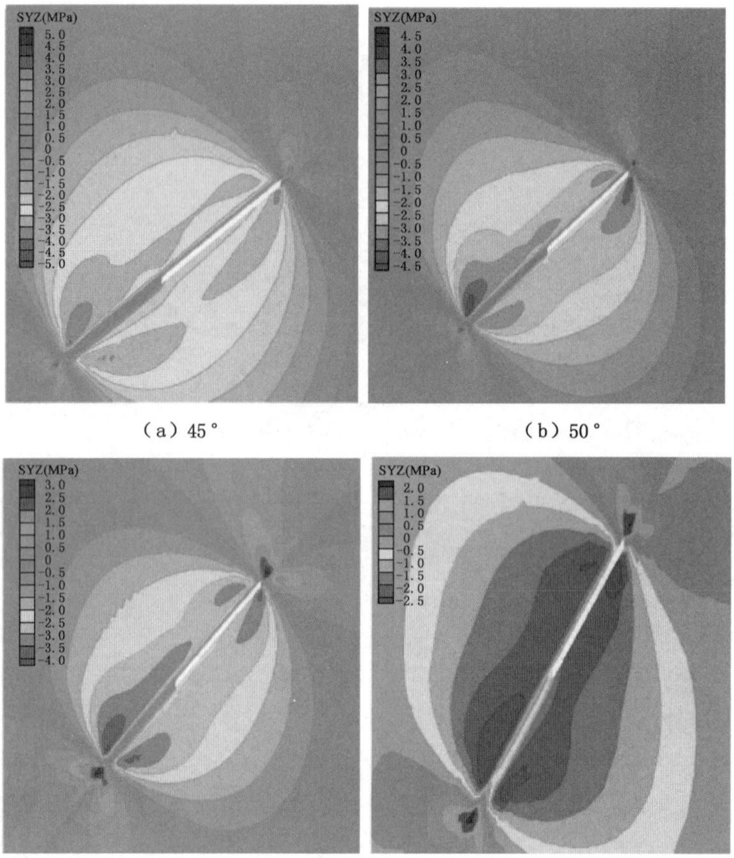

(a) 45° (b) 50°

(c) 55° (d) 60°

图 2-8 不同倾角时采场覆岩剪切应力分布特征

应力增高区的范围变大，可以确定工作面倾角越大，工作面上下端（尤其是上端）煤岩体的稳定程度越低，对邻近煤层的破坏作用越大，区段保护煤柱尺寸应增大，工作面长度应变短。

（2）随着煤层倾角的增大，采空区顶底板中的剪应力大小在逐渐增加的同时等值线由横向的椭圆形向竖向的椭圆形转变，当煤层倾角达到 60°时，整个采空区顶板中剪应力值都已处于较高水平。

（3）当工作面煤层倾角大于 55°时，采场覆岩中应力分布受倾角影响较大。

第三章　急倾斜煤层炮采工艺及设计

单体柔性掩护支架采煤法的实质是：在采区内沿煤层倾向划分为若干个长条采煤带，工作面沿伪倾斜方向布置，沿走向推进，工作面上方安装有用来隔离工作面空间和采空区的柔性掩护支架，工人在掩护支架掩护下的地沟中进行采煤（若煤层厚度较小，一般采用向底板挖地沟的方式来增加高度），随着煤炭的采出，掩护支架在自重和垮落围岩压力的共同作用下向下向前移动。

一般情况下，伪倾斜柔性掩护支架采煤法的回采工艺过程主要有支架安装、支架下放及支架拆除等 3 个环节。下面以株柏煤矿的生产实践为例加以说明。

第一节　工作面布置及落煤方式

正常回采时工作面伪倾角保持在 25°左右，主要有 3 项工作同时进行：在区段回风平巷内不断接长掩护支架，在区段运输平巷内不断拆除掩护支架，在工作面掩护支架下采煤。这部分工作包括钻眼、装药、爆破、铺溜槽出煤、调整掩护支架等。

一、　工作面布置

工作面长度取决于工作面垂高的大小，而工作面垂高又与煤层地质条件、劳动组织、操作技术水平、管理因素有关。当煤层赋存稳定、地质构造简单时，区段垂高可以适当加大，即加大了工作面的长度。加大工作面长度具有巷道掘进工程量小、支架拆装次数少、采区采出率高等优点，但是过长的工作面具有以下缺点：① 由于工作面是一个整体，工作面某一个点出了事故，往往造成整个工作面不能出煤。② 支架容易皱架（叠架），使得工作面回采效率降低，并造成支架回拆困难。③ 炮眼数目增多，循环时间长，不利于工作面的正规循环作业。④ 工作面推进速度降低，不利于煤层自燃的防治等。

株柏煤矿的开采实践表明：倾角在 50°～80°的条件下安全高效的工作面长度宜为 50～90 m。工作面伪倾角的确定主要考虑支架的下放难易程度及煤炭运输等问题，单体柔性掩护支架工作面空间关系如图 3-1 所示。

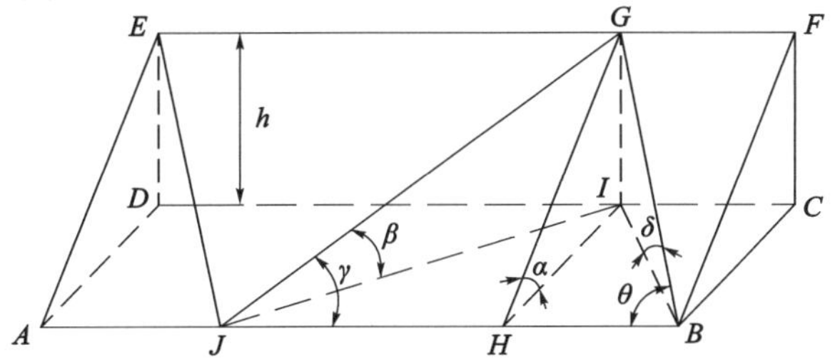

$ABCD$—水平面；$CDEF$—垂直面；$ABFE$—煤层面；GJI—工作面；

α—煤层倾角；β—工作面伪倾角；γ—层面角；δ—支架下放移动角；θ—方向角。

图 3-1　单体柔性掩护支架工作面空间关系

(1) 柔性掩护支架工作面伪倾角 β、层面角 γ、煤层倾角 α 存在以下关系：

$$\sin\gamma = \frac{\sin\beta}{\sin\alpha} \tag{3-1}$$

(2) 支架下放移动角：

在直角三角形 GIB 中

$$\sin\delta = \frac{GI}{GB},\quad GI = h \tag{3-2a}$$

在直角三角形 GHB 中

$$GB = \frac{GH}{\cos\angle HGB}$$

$$\sin\delta = \sin\alpha/\cos\frac{\gamma}{2} \tag{3-2b}$$

由公式(3-1)和(3-2)可知，在煤层倾角 α 一定的条件下，要加大支架下放移动角 δ(即减小支架的下放难度)，就要减小层面角 γ 和工作面伪倾角 β。但是过小的伪倾角不利于煤炭的自溜运输，结合现场的实际经验和开采水平一般应将单体柔性掩护支架工作面的伪倾角控制在 25°～30°。

二、 支架安装

1. 支架的角度、结构、组成、宽度、支架垫层厚度、点柱

支架安装角度为架背垂直于顶底板，误差不大于 15°。柔性掩护支架由 U 型丝、夹板、托架钢丝绳、支架相互连接组成。架内高度不小于 1.3 m。支架垫层厚度不小于 3 m。面内单体支柱紧贴煤壁支设在支架上肢(图 3-2)，初撑力不小于 1 MPa。

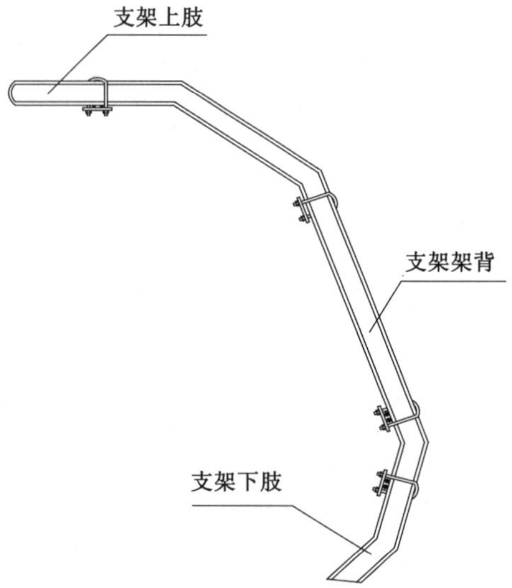

图 3-2 柔性掩护支架结构示意图

2. 支架安装方法

柔性掩护支架安装方法主要有扩巷卧地沟安装和直接安装两大类。

(1) 扩巷卧地沟安装法

扩巷卧地沟的安装工序有扩巷形成支架安装空间、卧地沟、铺钢丝绳、摆钢梁、接顶与放顶扩巷.扩巷完成后，在巷道中间偏于底板侧卧出倒梯形地沟，地沟断面以保持有足够操作空间为准则。常用地沟断面尺寸为上宽 0.8 m、下宽 0.6 m、深度 0.8 m，架内高度不低于 1.3 m，摆放柔性掩护支架应兼顾回采区段内煤层大致走向，同时要考虑到支架必须盖住回采范围内的小眼和斜上山。初装钢梁时，将钢丝绳铺设到预定位置，并超过开切眼距离 5～10 m，放上支架，使支架靠近顶板，用单体液压支柱或煤壁将支架上肢适当垫高，用 U 型螺栓及垫板等将柔性掩护支架与钢丝绳连接，在摆放架头、架尾时，用 2 m 长的压梁安装在钢梁上、下端，以增强掩护支架刚度，然后将折回 5 m 的钢丝绳由钢梁上部穿插到架内并与架内钢丝绳卡牢，防止脱梁，支架一般超过开切眼外 3～5 m 开始摆放。摆放好钢梁后，在钢梁背后用挑棚和木垛及时护顶，当支架摆至 5～8 m 后，便可进行拆除钢梁后的临时支护，进行第一次放顶，使支架背后形成垫层。一般情况下，架宽 2.2 m 以下，压实茬长度不小于 5 m；架宽 2.2 m 以上，压实茬长度不小于 8 m，第一次放顶结束后，以后每摆 4 m 钢梁，放顶 4 m，直至支架全部安装完毕。

(2) 直接安装法

对于直接安装来说，根据工作面的瓦斯、巷道断面及掩护支架宽度等情况可分为两柱支撑式安装和单柱站立式安装两种。

① 两柱支撑式安装：对于瓦斯浓度较高、巷道断面较小、掩护支架选型小的工作面，为增加安装掩护支架后的架内通风断面和防止瓦斯超限，支架在安装时超前掩护支架 1～6 m，将原巷道铁棚替换成木棚(为减少木料的投入，木棚腿可以采用单体液压支柱代替，待摆放好掩护支架后回收)，如图 3-3 所示。

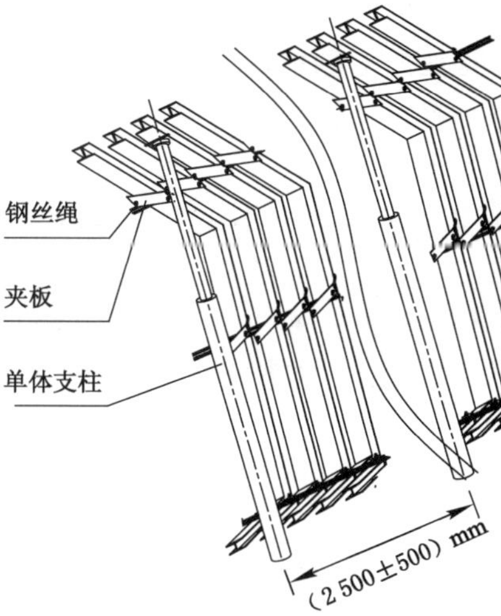

图 3-3　支架安装方法

② 单柱站立式安装：对于瓦斯浓度较小、巷道断面积较大的工作面，为加快掩护支架安装速度，减少木料的投入，支架在安装时直接站立，支架上肢与棚梁平行，只提前拆除顶板一侧的棚腿。

3. 支架安装

(1) 支架的安装在工作面架头原有支架基础上进行。

(2) 首先在巷道靠近顶板一侧用风镐挖掘一定断面的倒梯形地沟。

(3) 安装支架时不少于 2 人，且必须由有经验的人员施工。

(4) 将支架的上肢紧靠顶板和工作面架头支架放置在托架钢丝绳上，使上肢垂直于顶底板下俯不小于 15°。

(5) 安装支架时必须将支架放稳放牢，由一人掌牢，严防支架下滑或歪倒伤人。

(6) 然后在支架上、下肢和架背每处各用 1 个 U 型卡、夹板与支架卡紧连成一体。

(7) 支架紧跟顶板安装，沿煤层走向方向摆正，托架大绳拉直使上劲，位置符合要求(上肢钢丝绳距上肢前方 0.25 m，架背钢丝绳距架背拐弯点 0.425 m，下肢钢丝绳距下肢底端 0.25 m，卡子、夹板、螺帽要拧紧，支架呈紧密排列)。

(8) 支架安装后高度不小于 1.3 m，宽度不小于 0.7 m，支架保持 0.125 m(中-中)的间距(每米 8 架)，每米必须安设 1 根焊有防滑翅的支架。

(9) 在支架上肢下靠近煤壁一侧及时支设单体液压支柱，单体支柱必须用防倒绳拴在支架上部的托架绳上，并确保牢固可靠。支柱的柱距 2.5 m±0.5 m，为保持支架平、直及起到领架作用，工作面内的单体支柱初撑力不小于 1 MPa。

4. 支架安全其他规定

(1) 所有工作面范围内的支柱必须用防倒绳系牢，防倒绳采用绳径不小于 5 mm、股数为六股、同捻向的钢丝绳制作。钢丝绳长度为 1～1.2 m。固定单体支柱时，分别将钢丝绳的两端破开 0.3～0.4 m，每端破为两股，每三小股为一股。工作面内防倒绳固定：钢丝绳的一端固定在支架与支架之间的托架大绳上，固定时将一股钢丝绳穿过支架与支架之间的托架大绳，再将两股钢丝绳分别向两个方向交互捻结在一起，捻结时每股缠绕次数不小于 3 次。钢丝绳的另一端固定在单体支柱的上端柱帽下，将一股钢丝绳绕过下端后，再将两股钢丝绳分别向两个方向交互捻结在一起，捻结成圆环，捻结时每股缠绕次数不小于 3 次，捻结成的圆环内径与柱帽外径差不得大于 0.02 m。

(2) 支架下放前，必须保证支架外垫层厚度不小于 3 m，架头长度不小于 3 m，架尾长度 1.5～5 m。

(3) 支架下放时自架尾开始沿工作面按角度 25°～30°的坡度割煤，落煤或扒煤时支架自行下放或人工用单体支柱向煤壁领架。支架下放时要利用单体支柱控制架子下放轨迹线。

(4) 架头平段以下拐弯点，应有长度不小于 2 m、10°～20°坡度，以便与工作面缓慢过渡，防止出现叠架。

三、 工作面落煤

根据煤层赋存条件及顶底板岩性，采用俯伪倾斜柔性掩护支架采煤法，炮采工艺。工作面采煤按循环割面，每循环自下而上割煤，严禁反向割煤。工作面采用风煤钻打眼，爆破落煤，同时辅以风镐落煤，自下而上分段进行，主要工艺流程为打眼→铺溜子(刮板输送机)→爆破落煤→扒煤使单体→移架，扒煤移架时上一区段进行打炮眼、注水或进行架头架尾安拆架。三班工艺流程相同。爆破落煤采高二煤为 1.6 m，三煤为 2.3 m，每小班 1 个循环，循环进度为 0.8 m，一般每段的长度为 10 m±2 m，一个小班割煤 16～24 m。

1. 打眼

(1) 安全检查：进入工作面打眼前，必须进行安全检查。检查煤壁伞檐、悬矸、支架、通风等情况，检查单体支柱支设和防倒绳是否牢固、有效、正确、可靠；发现隐患，必须立即处理。

(2) 工作面使用风煤钻打眼，自下而上分段进行割面，一般每段的长度为 30 m(每次打眼长度)，一个小班割两段。每段打眼时采用后退式由上端向下打眼。

(3) 打眼：打眼前先检查风钻和风管连接是否牢固可靠，周围支架是否完整，煤壁应无伞檐、悬矸等，确认安全后按照爆破图表一人持风煤钻打眼，一人点眼并扒净炮眼周围的浮煤。点眼时要开小风，等钻进深度 50 mm 后，再加大风压推进。

(4) 工作面炮眼布置：沿倾斜方向布置两排，每排 20 个，间距 1 m，炮眼深度 1 m，排距 0.8～1.0 m。炮眼角度为与工作面成 70°夹角。

(5) 煤层变化时工作面炮眼布置注意事项

炮眼有效爆破深度的大小，根据不同架宽、不同钎子长短而定，是提高循环进度及循环产量的决定性因素。当然，通过无限制地增加钎子长度来加大炮眼深度是很不现实的。由于受掩护支架空间和结构的约束，以及煤层地质条件和支架宽度等因素的影响，在遇到煤层变化时，为了达到良好的爆破效果(循环进度大、炮眼数目少、装药量少、块度合适)，应根据本地区本单位的具体情况具体分析，合理确定炮眼的深度、角度、间距和装药量，以求取得最佳的爆破效果。为避免支架切入底板，要求掩护支架工作面炮眼偏煤层底板布置，以便爆破后使底板侧煤壁多崩落，而顶板侧少崩落，留部分煤壁(包括爆破后崩落的煤)支撑掩护支架。亦即在爆破瞬间到支架下落时，使支架底端的下放步距大于顶端的下放步距，支架带较大的仰角。如图 3-4 中，支架由 ab 位置下移到 a_1b_1 位置，然后 a_1 点不动，b_1 点做弧线运动到 a_1b_2 位置。在出煤过程中，应根据支架仰角和支架在煤层中的位置情况，分别调整下放支架的底端、顶端(都是先出底板侧煤，下放支架底端)，使支架由 a_1b_2 位置经 a_1b_3、a_2b_3、a_2b_4(或直接由 a_1b_2 位置到 a_1b_4)，最后达到 a_3b_4 正常位置，此时支架仰角应和下放前一致，从而完成一个支架下放循环过程。当掩护支架工作面顶、底、帮都布置炮眼时，由于帮眼是支架下移的终止位置，因此爆破后，支架顶、底端的下放步距基本相同，即由 ab 位置达到 a_1b_1 位置，支架向煤层底板方向移动。在出煤时，先出底板侧煤，a_1 点不动，b_1 点做弧线运动到 b_4 位置，然后出顶板侧煤，再使 a_1 点做弧线运动到 a_3 位置，即支架向顶板方向移动一段距离。当煤层顶板侧煤帮松软时，爆破后，有可能使支架顶端低头。遇有此种情况，在出煤时，必须在支架下方及时支设单体液压支柱，支撑支架顶端。“八”字形掩护支架和平板形支架相比，支架仰角可以有较大的变化幅度，遇有煤层变薄、底板有凸起时，可以采用“八”字形支架，用增大支架仰角的办法来顺利通过。

(6) 打眼顺序及要求

钻眼工作由上向下进行，钻眼前要将工作面地沟内浮煤清理干净，钻眼时眼内煤粉要除净。除初次下放前期和结束下放后期外，工作面地沟眼均应保持相同的深度和角度，以使掩护支架工作面始终保持相同的倾角向前推进，特别要注意防止人为因素造成破顶、破底现象。

(7) 支架下放与煤层倾角的关系

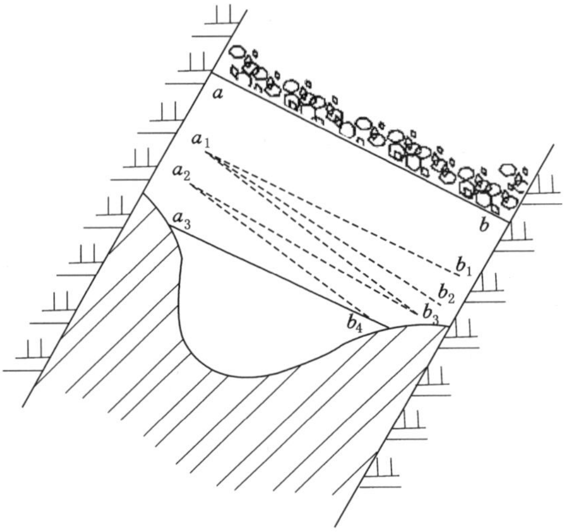

图 3-4 掩护支架下放过程

煤层倾角小于 60°的煤层中，掩护支架受采空区垮落岩石的推力较小，必须采用和倾角 60°以上煤层中不同的支架下放方式才能保证支架顺利下放。目前，主要采取支架两帮单独下放方式。根据煤矿的经验，在煤层倾角 α 为 50°左右的情况下，当支架仰角 γ' 达到 75°左右时，支架顶端支撑在煤壁上。炮眼偏底板布置，爆破后先出底板侧煤，在采空区垮落岩块推力的作用下，支架底端可以克服阻力沿煤层底板下滑，支架仰角增大到 γ'_{max}。然后，用长把工具将顶板侧煤帮破碎(爆破崩落亦可)，使支架顶端下放，支架恢复到正常位置，即仰角仍为 γ'，以此完成一个支架下放循环过程。但是，支架仰角 γ' 是不能任意增大的，对于“八”字形掩护支架来说，根据经验，γ' 不宜超过 80°，否则会造成顶板窜矸、煤壁片帮伤人和支架顶端放不下去、架下工作面空间太小等危险情况，不利安全生产。因此，这种下放方式使支架下放步距受到限制，工作面生产能力低，总体技术经济指标不好，而且，在支架下放过程中有时会发生煤矸突然下滑而难以控制的情况，对安全生产造成很大威胁。

2. 装药

(1) 爆破工提前做好起爆药卷。制作爆破所用起爆药卷必须在人员较少、无杂散电流的安全地点进行。做完起爆药卷后，引线必须缠绕在药卷上，两引线扭结短路，用专用木箱运到工作面。打眼后，对炮眼进行检查，并由班组长布置专人在警戒线和可能进入爆破地点或透点的所有通道上担任警戒工作，警戒人员在距爆破地点 100 m 以外有掩护的地点站岗、拉线挂牌。每次爆破都需专人站岗、撤岗，岗哨设好后任何人不得进入爆破警戒线以内。

(2) 装药时，停止一切与装药无关的工作。装药必须采用正向装药，严禁反向装药。按照爆破说明表，先把起爆药卷放到炮眼内，一手用炮棍顶住起爆药卷，一手拽住雷管脚线，把药卷轻轻送入眼底，把炮棍拔出，然后靠近药卷填入 30～40 mm 的炮泥，再填入 1 个水炮泥，最后用炮泥封满。装药后，必须把电雷管脚线悬空，严禁电雷管脚线、爆破母线与运输设备、电器设备等导电体相接触。

(3) 连线方式采用串联，最后一段的延期不得超过 130 ms。

(4) 爆破前，爆破母线必须扭结短路，班组长必须清点人数，确认无误后，方准把爆破命令牌交给瓦斯检查员。在由瓦斯检查员检查瓦斯、煤尘浓度合格后，把爆破命令牌交给爆破工，爆破工接到起爆命令后，必须先发出爆破警号，至少再等 5 s 方可起爆。

(5) 爆破前后，需对工作面进行洒水降尘，降尘范围为工作面爆破地点前后 10 m。爆破后 30 min，待工作面的炮烟被吹散，爆破工、瓦斯检查员和班组长必须首先巡视爆破地点，检查通风、瓦斯、煤尘、顶板、支架、拒爆、残爆等情况。如有危险情况，必须立即处理。确认无危险后方可工作。

3. 工作面正规循环产量计算及相关参数

工作面日循环产量的计算：

$$Q = L \cdot B \cdot S \cdot \gamma \cdot K \cdot N \tag{3-3}$$

式中　Q——工作面日循环产量，t/d；

L——工作面长度，m；

B——掩护支架宽度，m；

S——每循环进度，即下放步距，m；

γ——煤的体积密度，t/m³；

K——掩护支架采煤工作面采煤系数，取 1.1；

N——24 h 内的循环数。

柔性掩护支架采煤工作面与提高日循环产量有关的参数主要包括以下 4 个。

(1) 工作面长度(L)

对柔性掩护支架采煤法而言，工作面长度是指伪倾斜长度，即工作面上拐点到下拐点的长度，计算公式为：

$$L = \frac{h}{\sin \beta} \tag{3-4}$$

式中　h——区段垂高，m；

β——工作面伪倾角，(°)。

(2) 掩护支架宽度(B)

柔性掩护支架宽度主要根据实测的实际煤层厚度资料确定，一般以比煤层厚度小0.2～1.0 m 为宜。在选择支架宽度时，通常要考虑煤层的厚度、倾角等因素，选择的支架宽度越大、煤层倾角越小，要求煤层厚度和支架宽度的差值越大。原因是：掩护支架宽度越大，要求支架活动的余地越大，因而要求支架宽度与煤层厚度的差值越大；煤层倾角越小，支架卡住底板的概率越大，因而要求支架活动余地越大、支架与煤层厚的差值越大。

支架宽度的计算公式为：

$$B = K_1 K_2 M \tag{3-5}$$

式中　M——煤层厚度，m；

K_1——煤层厚度系数，当 $M \leqslant 3.0$ m 时取 0.87，$M \geqslant 3.0$ m 时取 0.85～0.87；

K_2——煤层倾角系数，当煤层倾角 $\alpha < 70°$ 时取 0.96，$\alpha > 70°$ 时取 1.0。

选择合理的支架宽度，对于掩护支架顺利下放、防止支架啃顶或啃底、提高采出率具有明显的意义。

(3) 掩护支架工作面循环进度(S_1)

循环进度是指沿垂直于伪倾斜工作面方向的推进距离，即掩护支架每次的下放步距，其与每循环工作面沿走向的推进距离的关系如下：

$$S_1 = S_2 \sin \gamma \tag{3-6}$$

式中 S_2——每循环工作面沿走向的推进距离，m；

γ——伪倾斜工作面层面角，(°)。

由式中可知，增加工作面的循环进度，即增大掩护支架每次下放步距，就等于加大了掩护支架工作面每循环沿走向方向推进的距离。因此，加大掩护支架每次下放步距是提高伪倾斜柔性掩护支架工作面循环产量的重要途径。

(4) 循环数(N)

伪倾斜柔性掩护支架工作面在 24 h 内，沿工作面全长，按规定的下放步距推进 1 次或 2 次以上，推进 1 次为单循环($N=1$)，推进 2 次为双循环($N=2$)，2 次以上为多循环，其循环次数称为循环数。

循环数必须结合矿井的劳动工作制度、采煤工作面的长度、循环进度、掩护支架大小、管理水平、技术熟练程度、劳动组织及人员多少全面考虑，实现在既定的工作面条件下(工作面长度、架宽及下放步距)，使在 8 h 工作范围内，完成计划规定的各工序，保证最大限度完成生产任务，并有足够的修理时间。

第二节　工作面装煤、运煤

柔性掩护支架采煤工作面爆破后，工作面的煤由人工扒入沿工作面铺设的滑板溜槽内，使其自溜至溜煤小眼内，溜煤眼铺设滑板溜槽使煤自溜至中间巷的刮板输送机的溜槽内，经刮板输送机运输至运输平巷溜煤上山内，溜煤上山可存储部分煤炭，一般可储存 15～20 车，下运输平巷内的溜煤上山架设简易放煤口，从放煤口处装入 1 t 标准矿车，用电机车进行运输。

一、 工作面用滑板溜槽

滑板溜槽(图 3-5)适用于柔掩采煤工作面进行溜煤，系采用 6～8 mm 厚的 PTS 塑料板材在专用模具上热弯而成，其除了材料上具备 PTS 塑料所特有的质量轻、耐腐蚀、抗冲击、阻燃、抗静电和抗老化等性能外，还具有如下特点：

① 溜槽的两头一大一小，小头可以搭接插入另一节的大头，顺势安装，简单快捷，并可以多次重复使用，寿命可达 8 a 以上。

② 搭接插入长度 100 mm 左右，不需要外力即可达到三面密封的效果。

③ 耐温不低于 70 ℃。

二、 矿车

矿车(图 3-6)为矿山中输送煤、矿石和废石等散状物料的窄轨铁路搬运车辆，一般需用机车或绞车牵引。矿车按结构和卸载方式不同分为固定式矿车(材料车、平板车)、翻斗式矿车(图 3-7)、单侧曲轨侧卸式矿车、底(侧)卸式矿车和梭式矿车共 5 大类。

(1) 固定式矿车：车箱与车架固定连接，需用翻车机将矿车翻转卸载。其基本组成包括车箱、车架、缓冲器、连接器和行走机构。车架为金属结构，能承受牵引力、制动力、矿车之间

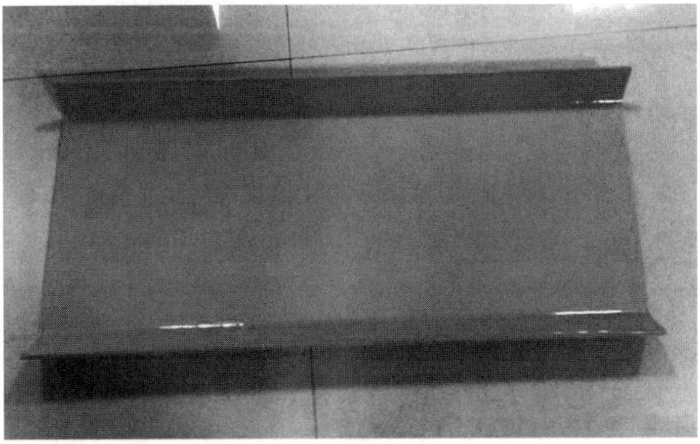

图 3-5　滑板溜槽

图 3-6　1 t 标准矿车

的碰撞和钢轨冲击，缓冲器装在车架两端，用以缓和两车之间的冲击。连接器是连接机车和矿车的部件，常用的有插销链环和回转链，大型矿车采用兼具缓冲器作用的自动车钩。行走机构是由 4 个车轮和 2 根轴组成的两个轮对。

(2) 翻斗式矿车：车箱断面为 V 形或 U 形，支承在车架的翻转轨上，车箱在翻转轨上翻转卸载。

(3) 单侧曲轨侧卸式矿车：车箱的一侧或两侧可以打开，借助装在卸矿点上的卸矿曲轨使矿车倾斜，用拉杆打开侧门卸载。

(4) 底(侧)卸式矿车：车箱的一侧或两侧可以打开，借助装在卸矿点上的卸矿曲轨使矿车倾斜，用拉杆打开侧门卸载(侧卸式)或车箱底板借助重力向后或向一侧打开卸载(底卸式)。

(5) 梭式矿车：车箱底板为一刮板输送机。装载时先装满矿车前端，输送机把所装物料

图 3-7　翻斗式矿车

逐渐移向后端，连续地把矿车装满，并由输送机卸载。这种矿车车箱容积较大，效率高，因往返如穿梭般频繁而得名。

矿车车轮内侧有轮缘，轮缘与钢轨间留有一定间隙。车轮与钢轨接触的踏面做成锥形，以使轮对在沿轨道运行时保持对中，减少机械磨损，降低运行阻力。一般使用轨距为600 mm的矿车。

三、 刮板输送机

矿用刮板输送机是专为中间巷道运输而设计的。其主要由传动装置、机头过渡槽、中部槽、刮板链、机尾等组成。矿用刮板输送机的主要零部件具有互换性，可灵活组合使用，根据工作面的长度可加长或缩短。

1. 输送机主要传动结构

输送机主要由电动机、减速器、液力偶合器、组装链轮、机头架、盲轴和紧链器组成。带有法兰盘的连接罩将电动机、液力偶合器、减速器连成一个整体。减速器装在机头架的侧面，减速器的输出轴与组装链轮连接，而组装链轮的另一端与盲轴相连。紧链器装在减速器上。

链轮组件主要由链轮、半滚筒等零件组成，通过螺栓组成一体，用于拖动刮板链。盲轴主要由轴、油封、轴套、轴承托架和轴承组成，其作用主要是支撑链轮。中部槽是输送机的重要工作部件。它由两块对称放置的槽帮和中板焊接而成。在槽帮一端焊有连接销，中部槽相互连接时，后一节槽的槽帮上连接销插入前一节槽帮的外凹部内，将各节槽连在一起，使其只能在垂直和水平面内相互偏转 3°。输送机的机头连接槽、机尾连接槽是在机头、机尾处与中部槽过渡连接用的。刮板链铺在中部槽的上下槽中，绕过机头和机尾链轮构成封闭的无极链，链轮带动中部槽的刮板链，以完成运煤工作。每条刮板链由标准圆环链构成的四条长链条、两块轧制的异形工字钢刮板、四个连接环及四个螺栓等组成。每条刮板链的刮板安装形式应符合规定的要求。圆环链立环的焊口朝上安装，平环焊口应朝向刮板链内侧。中部槽中板上面的连接环凸起部分应向上，螺栓头向着运行方向。在输送机紧链时，需调整长度。

2. 安装、使用及维护

(1) 带紧链器的减速器应安装在靠采空区一侧。

(2) 在铺设中部槽时，其下面不许有木块、石块等杂物，并注意下刮板链不要脱出底槽，相邻中部槽应尽量平直，水平和垂直弯曲不应超过 3°。

(3) 刮板链安装形式应符合要求。在上槽中，刮板链连接环的凸起部分应向上，螺栓头朝着刮板链运行的方向。安装时，圆环链不准拧成麻花状。刮板的斜面应与中板接触，带尖角处朝刮板运行方向。

(4) 经常清理机头处的浮煤，以免将其带入下槽增加阻力。

(5) 注意检查刮板链的松紧程度。如果外观松弛，应及时张紧。紧链后必须把偏心轮扳到非工作位置，待闸带与制动轮脱开后再开车。

(6) 每班检查各连接螺栓。特别是检查机头架、减速器、连接罩、刮板链等处的螺栓有无松动现象，如发现松动应及时拧紧。

(7) 当输送机在有倾角的情况下运行时，应在机头和机尾处打好锚固支柱，以防机器下滑。

(8) 在推移输送机时，一次推移量不宜过多。当需要推移量较大时，应分段推移。在推移过程中，两中部槽之间的相互偏移角度应控制在 3°以内。

(9) 要经常注意减速器的工作情况。如果发现有异常噪声、温升过高或各密封面有渗漏现象，应及时处理。油温不得超过 80 ℃。齿轮面不得有明显的磨损、点蚀。在检修时，各部位应按规定的间隙调整。

(10) 经常保证液力偶合器内的规定充油量。其各密封处不得有渗漏现象。

(11) 推移液压千斤顶工作结束后，液压缸的活塞杆应收回，以免撞坏、砸伤、锈蚀而造成漏油。

(12) 对于爆破采煤工作面，在爆破前，输送机应空运转一段时间，并要检查电缆、胶管等存放是否妥当，以免损坏。

刮板输送机常见故障及处理方法见表 3-1。

表 3-1　刮板输送机常见故障及处理方法

序号	故障	原因	处理方法
1	液力偶合器或限距离心离合器不正常	1. 液力偶合器充油量不足。 2. 限距离心离合器力不足。 3. 中部槽内煤过多，超过负荷。 4. 刮板链卡住	1. 按规定油量充油。 2. 要及时更换摩擦片。 3. 清除槽内部分煤炭。 4. 处理被卡住的刮板链
2	减速器运转声音不正常	1. 齿轮啮合不好。 2. 轴承或齿轮严重磨损，轴承轴向游隙量过大	1. 调整啮合间隙。 2. 更换磨损的齿轮或轴承，调整好轴承的轴向游隙量
3	刮板链在链轮处跳牙	1. 连接环安装不正确或圆环链拧成麻花状。 2. 链轮轮齿磨损严重	1. 重新安装连接环。 2. 更换链轮。 3. 重新紧链

表 3-1(续)

序号	故障	原因	处理方法
4	刮板链周期性振响	刮板链过松,刮板链运行有刮卡	处理刮卡部位
5	刮板链脱出中部槽	1. 机器过于弯。 2. 刮板链松弛。 3. 中部槽磨损严重。 4. 刮板链弯曲严重,两条圆环链间距变小	1. 尽量使中部溜槽保持 180° 2. 紧链。 3. 更换中部槽。 4. 矫正或更换刮板

第三节　工作面支护及顶板管理

一、 支护设计

(一) 工作面支护设计

工作面支护形式为单体液压支柱配合柔性掩护支架进行支护。

1. 工作面单体液压支柱强度计算

单体液压支柱采用 DW25-300/100x 型。由于工作面压力主要通过支架的上下肢传递给煤壁,单体液压支柱起到调整支架作用,计算时以支架最大受力的状况分析。

以工作面直接顶载荷的倍数估算基本顶的载荷:

$$P = N \cdot \sum h\gamma \tag{3-7}$$

式中 P——直接顶及基本顶来压时的支护强度,kN/m^2;

N——基本顶来压与平时来压强度的比值,称增载系数;

γ——顶板岩层体积力,25 kN/m^3。

基本顶来压时,通过直接顶传递给支架的作用力,称为基本顶载荷,一般可按直接顶载荷的倍数估算,该倍数称为动载系数。基本顶来压时的载荷一般不超过平时载荷的 2 倍,本次计算取 2。

如果忽略顶板下沉量,则

$$\sum h = \frac{M}{K-1} \tag{3-8}$$

式中 M——工作面实际煤厚,m;

K——碎胀系数,一般取刚破碎时的碎胀系数为 1.2~1.5,取 1.5。

根据工作面实际斜长及控顶距计算顶板岩层实际作用力:

$$F = P \cdot L \cdot M \tag{3-9}$$

式中 F——工作面控顶范围内岩石对支架的作用力,kN;

L——工作面长度,m;

M——工作面支架实际控顶距离,m。

根据工作面实际使用的单体液压支柱计算实际支撑能力:

$$R_t = K_g K_z K_b K_n K_a R \tag{3-10}$$

式中　R_t——支柱实际支撑能力，kN；

K_g——支柱工作系数，取 0.99；

K_z——支柱增阻系数，取 0.95；

K_b——支柱不均匀系数，取 0.9；

K_n——采高系数，取 $K_n = H_{实际}/H_{可采}$；

K_a——倾角系数，取 0.9～0.95；

R——支柱额定工作阻力，kN。

工作面合理的支柱密度：

$$n = F/R_t \tag{3-11}$$

即工作面应使用 n 根单体液压支柱来满足工作面顶板支护。

为使采面正规循环作业，拟在工作面靠煤壁侧布置单排支柱，柱距为 2 000 mm±500 mm，所需的另一排单体由支架腿代替，能够满足工作面支护强度要求。故该工作面采用 DW25-300/100x 型单体液压支柱，柱距为 2 000 mm±500 mm，配合柔性掩护支架可满足工作面支护强度要求。

2. 架后垫层厚度、金属支架强度、托架大绳(钢丝绳)强度计算

(1) 垫层厚度

架后垫层具有保护支架不受大块矸石直接冲击的作用，因而架后必须有一定厚度的顶层保护支架。

根据基本顶到煤层底板的垂直距离以及煤层倾角得出基本顶垮落的矸石最大直接冲击垫层及垫层的高度 H：

$$H = \frac{K_a L}{\sin\beta} \tag{3-12}$$

式中　L——基本顶到煤层底板的最大垂直距离，$L = a$(煤层最大厚度)$+b$(伪顶厚度)$=4.6+0.4=5.0$ (m)；

β——煤层倾角；

K_a——冲击系数，取 0.2。

(2) 柔掩支架强度计算

以计算柔掩支架所受最大的力代替计算柔掩支架的强度。当单体液压支柱挑架(支架下沉时用单体支柱向上挑起支架)时，对支架的作用力最大。由于挑架过程较长，单体液压支柱和支架下肢形成一个简支梁。采空区压力一半传递到支架下肢，一半传递到单体液压支柱。

$$P_1 = P_L/(2n_{实际}) \tag{3-13}$$

式中　P_1——支架受到的最大作用力；

P_L——工作面顶板压力；

$n_{实际}$——工作面单体棵数。

(3) 托架大绳强度计算

柔掩工作面采用四组托架大绳将支架连在一起，一组托架大绳由两根 ϕ24 mm 钢丝绳组成。

$$[F]=8\times 332\ \text{kN}=2\ 656\ \text{kN}>P_2=P_1\times 2=456.26\ \text{kN}$$

式中 $[F]$——八根钢丝绳的破断力；

P_2——2.5 m 范围内来自架后的压力。

故钢丝绳强度符合要求。

（二）乳化液泵站选型

1. 泵站的选型

由于工作面以及超前支护采用的单体液压支柱所需要的泵站压力一般在 15～20 MPa 之间，采用 BRW40/20A 型乳化液泵，额定压力 19.8 MPa 能够满足要求。

2. 液压设施的配备

主要包括乳化液泵、乳化液箱、乳化液、高压管、高压注液枪。

3. 液压路线

泵站安设在液压泵站硐室内，布置一趟 ϕ10 mm 高压钢管作为工作面乳化液进液管路。

4. 泵站使用规定

(1) 乳化液浓度应保持在 2%～3%之间，坚持使用自动配比仪配置乳化液，乳化液泵的待载压力不低于 13.8 MPa（输出压力不得低于 19.8 MPa）。

(2) 要按照要求进行定期检查、检修，并做好记录。

(3) 每班清理一次油污；按一定方向旋转过滤器 1～2 次；检测 3～5 次乳化液浓度。每天检查 1 次过滤网芯。每 10 天清洗一次过滤器。至少每月清洗 1 次乳化液箱。

二、 工作面顶板控制

（一）工作面正常时期的顶板支护方式

(1) 根据煤层顶板的岩性，工作面采用柔性掩护支架，辅以 DW25-300/100x 型单体液压支柱管理顶板，单体间距 2 000 mm±500 mm，工人在掩护支架下进行采煤作业。采煤工作面内的单体支柱作为调整支架时使用，单体支柱的支撑压力随支架的状态而变化，但不得小于 1 MPa。

(2) 工作面做到“三直一平”（支柱直、煤壁直、溜子道直、支架平整），伞檐符合要求。

(3) 工作面支架上肢必须与煤壁卡严，上肢与煤壁之间间隙宽度不大于 200 mm，长度不超过 500 mm。

（二）工作面正常时期的特殊支护形式

(1) 仰架：若煤层变薄或走架不及时，易造成工作面仰架，使工作面宽度不够。

遇到此类情况时，在支架下肢支设底撑，底撑间距 2 000 mm±500 mm，利用仰架上、下方支架向底板方向移架的拉力将上肢拖离顶板，使支架恢复正常状态。若仍不能恢复正常，则在下一循环割面时，将仰架段顶板侧的炮眼向顶板偏移 200～300 mm，用爆破的方法破除卡在上肢的煤岩，使支架恢复正常状态。

(2) 趴架：若煤层变厚或支柱支设不及时，易造成工作面趴架，使工作面高度不够。

遇到此类情况时，在下一循环割面时，在趴架段的底板侧多布置一排深度 600 mm、间距 1 000 mm 的底板眼，用爆破的方法使支架下肢侧的煤岩松动，扒煤时及时支设单体支柱，即可使支架恢复正常状态。

（三）工作面特殊时期的顶板管理

（1）断绳：主要是由于在回采过程中支架走位不正常、炮眼布置不合理而造成钢丝绳受力不均或支架悬空后应力集中而造成的钢丝绳局部断丝或断开。遇此情况，应采取以下措施：

① 工作面立即停止生产。

② 准备好大板、圆木、支柱及与大绳同粗的 10 m 钢丝绳。

③ 背好两帮，打上撞楔。

④ 接绳时，钢丝绳挽回长度不得少于 2 m，固定卡子不少于 6 个。

⑤ 用一根 10 m 长的钢丝绳加固在断绳处，两边各用 3～5 个绳卡子卡紧卡牢。

（2）窜矸：当工作面过破碎带、落差小于采高的断层，支架上肢离顶板超过 300 mm 以上或顶板侧出现褶曲时，会使支架背后的煤、矸涌入工作面。

① 发生窜矸时，必须先清理干净杂物，保证退路畅通无阻。工作面窜矸时一般用木料、搪棒（长条形方木，用于支撑笆片）、小笆片、背板封闭窜矸位置。

② 必要时，从支架之间托绳以上打好铁钎棍（废风钻钎子）做成假顶，再利用支柱及时移架到位，封闭窜矸位置。

③ 若仍不能控制顶板，则用单体支柱托住木料控制顶板，再辅以钎棍、搪棒、背板等封闭窜矸位置。

④ 若煤层变厚，为了防止支架远离顶板，必须在回采过程中每茬炮向顶板方向打探眼，探明支架距顶板距离，如果远离顶板必须及时扒下肢煤而向顶板方向移架。为防止窜矸伤人，无论初采还是正常回采，当上肢与煤壁之间出现宽 200 mm、长度超过 500 mm 的间隙时，必须及时用液压支柱向前移架，若不能及时移架，则用笆片、搪棒搪严。施工人员必须在窜矸的上方位置进行操作。

（3）叠架：由于工作面推进速度不一致所致。

发生叠架故障时，要求其前段减小架头爆破落煤高度（炮眼深度）或停止采煤，利用支柱减小叠架上部支架向下移动的距离；及时拆除架尾的多余支架，加大叠架下部支架的移动距离，分多次逐渐将叠架处支架伸开。

三、　平巷及端头顶板管理

（一）上下平巷、溜煤小眼及行人小眼超前支护的顶板管理

（1）上、下平巷超前支护采用 DW30-300/100x 型单体液压支柱支设铰接顶梁（铰接顶梁长度 1 m），一梁一柱支设形式，沿巷道走向成排支设且首尾相连。

（2）上、下平巷超前支护长度不得小于 20 m，超前支护范围内巷道的高度不得低于 1.6 m，宽度不得小于 0.7 m。

（3）上平巷自工作面安装开始前，先将超前支护支设完毕。距工作面 10 m 范围内靠巷道左右两帮各支设一排；距工作面 10～20 m 范围内靠巷道煤帮侧支设一排。

（4）下平巷超前支护支设在自行人小眼开始向外的 20 m 范围内，在巷道底板侧支设一排。

（5）上、下平巷超前支护单体支柱支设间距 1 m±0.1 m，必须支设成铅垂状，严禁歪

斜。上、下平巷超前支护初撑力不小于 11.5 MPa。

(6) 溜煤小眼、行人小眼超前支护采用 DW25-300/100x 型单体支柱支设铰接顶梁进行加强支护，单体支柱支设必须垂直于顶底板，采用一梁一柱支设形式。沿溜煤小眼、行人小眼两帮成双排布置且首尾相连，支护长度不小于 3 m，初撑力不小于 6.5 MPa。

(7) 上、下平巷超前支护的单体支柱必须穿鞋。

(8) 所有单体支柱必须用防倒绳固定在可靠的支护上，防止单体液压支柱卸压歪倒伤人。

(9) 铰接顶梁的铰接销必须到位，所有的铰接顶梁必须连成一体，以增加整体支撑强度。

(10) 铰接顶梁的上部与巷道支护接触点出现高低不平时，要用衬木衬平。

(二) 支护材料

1. 柔掩工作面支护材料参数

柔掩工作面支护材料参数见表 3-2。

表 3-2　支架结构和材料组成

材料名称	规格	单位	每米用量	总用量
支架	2.3 m	架	8	640
U 型丝	ϕ18 mm×185 mm	副	24	1 920
夹板尺寸	180 mm×60 mm×12 mm	个	24	1 920
钢丝绳直径	≥24 mm	根	—	17
螺帽	M20	个	48	3 840
单体液压支柱	DW25-300/100x	棵	—	32
单体液压支柱	DW30-300/100x	棵	—	50
铰接顶梁	1 m	根	—	62

2. 备用支护材料

(1) DW25-300/100x 型的单体液压支柱不少于 4 棵，长度不小于 2 500 mm、直径不小于 150 mm 的木料 6 棵，长度不小于 600 mm、直径不小于 100 mm 的木料 10 棵。摀棒 20 根，笆片 40 页。长度不小于 1 200 mm 的废旧铁钎棍不少于 20 根。

(2) 存放地点：存放在上平巷端头 50 m 外，不影响运输、行人的巷道一侧，码放整齐，并悬挂材料管理牌板。

3. 材料管理方法

(1) 所有支护材料应统一建立支护材料台账，并由专人进行材料的定期清查登记工作。

(2) 支柱、支架管理员必须严格执行支柱、支架管理制度，全面清查支柱、支架的数量，发现遗失，必须及时寻找或补充。

(3) 工作面发现单体液压支柱有液压密封失效、漏液、阀体损坏或失灵、柱体弯曲、柱爪缺失等问题时，必须立即停止使用，进行更换。工作面所用 DW25-300/100x 单体支柱伸缩行程不得大于 1.2 m。

(4) 采煤工作面回采结束后或使用时间超过 8 个月的单体液压支柱必须及时升井检

修。检修好的支柱，必须逐根进行压力测试，合格后方可使用。

(5) 严禁用锤、镐等物体猛击单体液压支柱的任何部位，搬运、装卸单体液压支柱时要轻拿轻放。

(6) 在井下发现损坏、失效的单体液压支柱应及时更换，并运出工作面，集中存放，及时上井维修。

(7) 工作面新下井或长期不用的单体液压支柱在使用前，应按照支柱的最大行程反复升降 2～3 次，排除液压缸内的空气。工作面新下井的单体液压支柱必须用密封盖保护好安设三用阀的位置，以防止脏物进入。

(8) 工作面正常循环割面使用材料：不少于 2 大班的用料，支架 50 架，U 型丝 150 个，夹板 150 个，单体支柱 10 棵，长度 30 m、直径 24 mm 的钢丝绳 2 根，铰接顶梁 10 根。

(9) 所有材料必须分类上架码放整齐，挂牌管理。牌板应齐全完整，字迹清晰，内容与实物相符。挂放位置距工作面端头不得超过 100 m，悬挂高度与腰线平齐，固定牢固。

四、 矿压观测

(一) 矿压观测内容

矿压观测包括巷道变形离层观测、日常支柱支护质量动态监测。常规观测指标见表 3-3。

表 3-3　工作面、平巷及端头矿压观测指标

序号	项目		单位	同煤层实测	本面选取或预计
1	顶底板条件	直接顶厚度	m	0.35	0.35
		直接底厚度	m	2	2
2	直接顶初次垮落步距		m	16	16
3	初次来压	来压步距	m	48	48
		最大平均支护强度	kN/m^2	100	100
		最大平均顶底板移近量	mm	150	150
		来压显现强度		不明显	不明显
4	周期来压	来压步距	m	16	16
		最大平均支护强度	kN/m^2	100	100
		最大平均顶底板移近量	mm	100	100
		来压显现强度		不明显	不明显
5	平时	最大平均支护强度	kN/m^2	70	70
		最大平均顶底板移近量	mm	50	50
6	直接顶的悬顶情况		m	小于 1	小于 1
7	底板允许比压		MPa	12	12
8	直接顶类型		类	Ⅱ	Ⅱ
9	基本顶级别		级	Ⅰ	Ⅰ
10	巷道超前影响范围		m	18	18

（二）采煤工作面顶板来压及冒落观测方法

（1）开采期间，严密观测采面内煤层变化情况，发现异常情况必须及时进行处理，并及时汇报工区，工区技术员做好记录。

（2）开采期间，在打眼或装药时，若听到煤层中发出“咚咚”声，或较大的爆破声，就可确定是顶部来压较大，此时，应停止作业，撤离人员，先进行处理，再进行作业，并及时汇报工区，工区技术员做好记录。

（3）观测上下平巷安装的顶板离层仪的变化规律。

① 测点布置：沿上下平巷走向每隔 100 m 布置一个测站。

② 顶板离层仪型号：KGE30B 型。

③ 观测方法：由工区技术员每隔 7 天观测一次，并填写观测台账，生产科技术员定期抽查台账并分析观测内容。

（4）日常支柱支护质量动态监测：

① 利用单体测压仪检测上下端头超前支护及工作面单体压力，目的是检测其初撑力、工作阻力是否达到要求，最后将数据汇总，并计算出支护质量合格率。

② 监测频率：每班监测一次。

③ 监测方式：采用抽查方式监测支柱压力，但超前支护不少于 3 棵，工作面不少于 3 棵。

第四节 安全技术措施

一、 一般措施

（一）入井基本安全常识

（1）工作面所有人员必须严格执行《煤矿安全规程》《煤矿工人安全技术操作规程》《采煤工作面作业规程》及上级有关安全的技术文件。

（2）下井前要休息好，保持充沛的精力，做好各种准备工作：穿好工作服，戴好安全帽，携带好矿灯和自救器。入井时严禁携带烟草和点火物品，严禁穿化纤衣服，入井前严禁喝酒。

（3）上、下罐笼时要听从把钩工及检身人员的指挥，不准打闹、拥挤；乘罐笼时，必须双手抓紧罐笼两侧的扶手；乘罐时，身体的任何部位不得伸出罐笼；携带物料必须平放于罐笼底部，且不能超出罐笼外沿。

（4）井下行走时，精力要集中，注意躲避车辆，严格执行“行人不行车，行车不行人、不作业”制度。

（5）不准进入独头盲巷或设有警标、栅栏的硐室或巷道。

（6）严禁人员拆开、敲打、撞击矿灯。

（7）严禁将两道风门同时打开，过风门后要随手关好风门。

（8）要牢固树立“安全生产，人人有责”的思想，在现场工作过程中，人人都要积极检查、处理安全隐患，确保班末验收时不留安全隐患。

（二）安全制度和需要特别强调的措施

1．安全制度

（1）巷道维修制度：对工作面两巷要经常进行检查维修，发现巷道变形严重、顶板下沉、顶网撕坏、巷道两帮移近量明显加大，必须及时采取措施进行超前加固处理，确保两巷畅通无阻。

（2）设备检修制度：机电设备管理责任到人，正确选择和合理使用各种电气设备设施，加强维护，发现故障及时处理，确保设备完好，运转正常，每天停产检修不少于 2 h。

（3）地质预报制度：地质人员要对工作面前方煤层、断层、顶底板、涌水量等情况及时预报。

（4）坚持一事故一分析制度，做到小事故不过班、大事故不过天，严格按照“四不放过”的原则，分清责任，接受教训，制定措施，杜绝同类事故的再次发生。

（5）认真执行《煤矿安全规程》及上级部门有关安全生产文件。严禁违章作业、违章指挥、违反劳动纪律。

（6）所有特殊工种必须经过专门培训，考试合格后持证上岗。

（7）严格执行现场交接班制度和岗位责任制，对现场存在的安全隐患和各工序进展情况，交接双方班队长必须在现场口对口交接清楚。

（8）严格按《煤矿安全质量标准化标准》的要求，切实搞好质量标准化工作，每班认真做好安全评估，做到工作面动态达标。

（9）认真开好班前、班后会，并记录在案。

（10）所有到本工作面工作的人员，都必须认真学习作业规程，熟知规程规定的本工种的各项规定。

2．特别强调的制度和措施

（1）“一炮三检”制度

“一炮三检”制度是指在工作面装药前、爆破前、爆破后，都必须检查工作面爆破地点沿工作面倾斜方向的两端各 20 m 范围内的工作面风流中的瓦斯浓度，若瓦斯浓度达到 1.0%，不准装药、爆破。爆破后瓦斯浓度达到 1.0%时，必须立即处理，处理达标之前不准继续爆破。瓦斯检查员要认真、及时填写“一炮三检”瓦斯检查记录。

（2）爆破“三保险”制度

爆破“三保险”制度是指工作面在进行每次爆破作业前都要：① 布置专人在警戒线处站岗；② 在警戒线处设置警戒牌；③ 吹哨。

（3）“三人连锁爆破”制度

爆破前，爆破工将警戒牌交给班组长，由班组长派本班人员警戒，并检查顶板与支架情况，然后将自己携带的爆破命令牌交给瓦检员，瓦检员检查瓦斯、煤尘合格后，将自己携带的爆破牌交给爆破工，爆破工发出爆破口哨进行爆破，爆破后三牌各归其主。

（4）防倒柱措施

① 工作面内和上、下端头及上、下平巷的单体液压支柱必须用防倒绳销子和防倒钢丝绳相连接固定牢靠，以防倒柱伤人。

② 工作面损坏的单体液压支柱必须及时运出工作面，暂时不能够运出时，必须固定牢固，以防其倾倒伤人。

（5）防止坠落措施

① 放煤眼处必须有牢固可靠的脚手架方可进行放煤作业，人员必须站在避开眼口的安全地点进行作业。

② 在使用中的小眼上口靠巷道人行道一侧安设护栏，护栏高度不得小于 1.2 m，防止人员坠落。

③ 对暂不使用的小眼上口要进行封堵，防止人员坠落。但必须留有通风的间隙。

（6）敲帮问顶制度

开工前，班组长首先进入工作面进行全面彻底的检查，发现无问题后，方可工作。工作过程中，各作业人员也必须经常认真地检查工作地点的顶帮及支护情况，发现安全隐患，及时整改处理。

① 找顶时由一名有经验的老工人带领，两人进行，一人找顶，一人观察顶板和退路。找顶人应站在安全地点，观察人应站在找顶人的侧后面，并保证退路畅通。

② 找顶应从有完好支护的地点开始，由外向里，先顶部后两帮，依次进行，找顶范围内严禁其他人员进入。

③ 找顶工作人员应戴手套，用长度不低于 2.0 m 长把专用工具找顶，要防止煤矸顺杆而下伤人。

二、 顶板管理

（一）工作面的支护质量要求

1. 支架安装技术规定

（1）摆架位置与摆架方向：摆架具体位置由技术科现场给定，施工单位按规定要求从施工地点起沿煤层走向在上平巷逐架进行摆架施工。安架时沿煤层方向，在原支架下用单体支柱支设铰接顶梁托牢原支护。

（2）安装支架时，不少于 2 人，且必须由有经验的人员施工。

（3）架子装好后，在地沟内靠近煤壁要及时支设支柱，支柱间距 2 000 mm±500 mm。支柱的支撑力根据支架的状态调定，支柱的伸缩行程不得超过 1 000 mm。

（4）摆架需要接钢丝绳时，钢丝绳的接头在架下从 4～5 架的支架两侧绕过架后，再绕到架内搭接在一起，卡上 3 个与钢丝绳相适应的绳卡。钢丝绳接头处相互搭接长不少于3 500 mm。

（5）接多根绳时新老绳接头严禁在同一位置上。

（6）支架上肢紧跟煤层安装，沿煤层走向方向摆正，即支架垂直于顶、底板法线，保持上仰 3°～5°。第一根支架安装要扶正，严禁歪斜。托架大绳拉直、使上劲，位置符合要求，卡子螺帽要拧紧，支架排列符合要求。架子安装长度大于 5 000 mm 时，将架子尾部大绳挽回架内，大绳挽回架内的长度不小于 3 500 mm，并用 3 个与钢丝绳规格相适应的卡子卡牢。

（7）支架上肢空顶处要用笆片、搪棒背严，严防煤矸窜入架内。

（8）架子安装要求每米 8 架，并且有一根支架上肢内侧带有焊接钢筋的防滑翅，以便于移架。

2. 支架内支设单体支柱规定

（1）支架内打单排点柱，点柱打在靠顶板侧，走向间距 2 000 mm±500 mm。当调整支架时可适当增加支柱数量，当出现仰架时要打底撑。

(2) 支柱支设必须牢固可靠，每棵支柱必须拴设有牢固可靠的防倒绳，防倒绳每班必须检查，发现磨损、损坏必须及时更换。

(3) 支柱要垂直于顶底板且带 3°～5°迎山角进行支设，不得出现支架后倾。

(4) 支架内的单体支柱作为调整支架用柱，其支撑力大小随支架支撑压力大小相应变化。但最小不得小于 1 MPa。

(5) 工作面内不得使用不同类型和不同性能的支柱。

(6) 支柱使用时间超过 8 个月及工作面回采完毕都必须上井检修。

(7) 单体支柱在使用期不得出现丢失，否则给予每棵 1 000 元罚款。

(8) 工作面严禁用有失效和损坏部件的单体支柱。

(9) 损坏的单体支柱应及时清理上井、修理、检测。

(10) 支设单体支柱，操作人员对单体支柱进行注液时要将注液枪卡紧注液阀，严禁将注液枪枪口对着人员，并严格按照操作规程执行。

(11) 超前支护的支撑力必须班班检测，并及时填写检测记录，支撑力不符合相关规程要求时要及时进行补液。

(12) 每班必须对工作面内单体支柱的三用阀进行全面检查，发现有失效、漏液、变形、弯曲时应及时进行更换。单体支柱的三用阀必须用扳手上紧、拧到位。

3. 架爪管理规定

(1) 架内架爪处煤壁必须用搪棒等料管理好顶底板侧架边，严防淌漏(窜矸)。

(2) 根据现场情况，必要时可使用笆片配合矩形框架(1 000 mm×1 000 mm)将煤壁背好，封严接实。如有片帮淌漏，必须用单体配合搪棒打上牢固可靠的斜戗柱，管理好煤体。

(3) 煤体松散时，在爆破前要用搪棒、笆片将顶板侧架爪处煤壁护好。有窜矸现象时，在上爪处、支架与支架之间，托绳以上插入 1 200 mm 长的铁钎棍，沿支架倾斜方向每隔 300～400 mm 插入一根，插入实煤体不少于 100 mm，严防淌漏。

4. 架后垫层要求

架后垫层厚度不小于 3 m，当垫层厚度不足时必须停止工作进行放顶，以保持有足够的垫层，防止顶板来压时冲击支架。

5. 架头、架尾管理

(1) 架头、架尾处浮煤、杂物必须经常清理，确保出口断面符合要求。

(2) 架头与架尾处巷道内支架正规可靠，并管理好巷道帮顶，严防淌漏。

(3) 架头平段长度不少于 3 m，且必须有长度不少于 1 m 的二次变坡段。

(4) 架尾平段长度规定：架尾下放至停采线时要保持 5 m 的平段，架尾平段超过 5 m 长后及时回撤，但一次拆架长度不大于 1 m。

6. 地沟技术要求

地沟在架子中间位置呈倒梯形，地沟高度不少于 0.5 m，上宽 0.8 m，下宽 0.5 m。

(二) 上下平巷支护质量要求

(1) 工作面上、下出口向外 20 m 范围内必须使用单体支柱支设铰接顶梁加强支护，支柱必须穿鞋，且初撑力不小于 11.5 MPa。

(2) 工作面上、下出口断面要符合规定，并保持畅通无阻，架口向外 20 m 范围内巷道高度不得低于 1.6 m,宽度不得小于 0.7 m。

(3) 安全出口必须安设专人进行维护,安全出口范围内无淤泥积水、无杂物废料堆积,保证巷道断面满足通风、行人、运输需要。如巷道出现变形、断梁折柱、漏帮、漏顶现象必须及时维护。

(4) 上下平巷内超前支护的液压支柱的注液口严禁对着行人侧,注液口的方向要保持一致。

(5) 工作面上下平巷应保持环境整洁,巷道内材料分类码放在材料架上,并对应悬挂材料牌板,不得影响通风、行人、运输。

(6) 工作面巷道内风水管路要接头严密,不得有跑、冒、滴、漏现象。

(7) 下平巷为便于推车,巷道宽度必须有足够的行车间距。

(三) 溜煤眼管理规定

(1) 架尾与溜煤眼交接处 5 m 范围内必须在巷道两侧各加打一排单体支柱支设铰接顶梁加强支护。

(2) 在开切眼口作业人员必须站在安全地点进行作业。

(3) 架尾出煤处与作业人员之间要用牢固可靠的金属挡矸(煤)网或 3 棵挡矸(煤)柱拦好。

(4) 下部行人小眼必须设置护身柱及溜绳等。

严禁使用腐烂、破头、劈裂严重及直径不足的杂木制作护身柱。

(四) 工作面支架下放安全技术措施

(1) 工作面支架正常下放期间工作面倾角应保持在 25°～30°。

(2) 初次与正常下放掩护支架时,架子在顶底板方向的仰角保持超过煤层法线 3°～5°。

(3) 掩护支架工作面下拐点向上 10 m 范围在支架正常期间倾角应保持在 25°以内,以对上方出煤起缓冲作用。

(4) 掩护支架下放要及时用单体液压支柱打好单排点柱,间距 2 000 mm±500 mm,靠近顶板侧支设。

(5) 操作人员的姿势,要始终保持前倾式,并能立即趴伏在最安全处,防止落架压人。

(6) 支架下放时要仰角一致,伪倾斜度数一致,不留台阶,分段下放时相邻两段支架倾角度数不超过±5°。

(7) 支架下放要严格掌握和控制支架下放轨迹线。

(8) 人员头部、身体和四肢严禁在架爪下。

(9) 架内所有支设后的支柱必须带压,防倒绳(链)拴设必须牢固可靠。

(10) 工作面所有单体液压支柱支设后必须及时加压,坏支柱及时运出工作面,确保支柱支设牢固可靠。

(11) 架内高度必须控制为不低于 1.6 m。

(五) 支架调整安全技术措施

(1) 支架遇有局部悬空或下坠,必须及时进行调整或用单体液压支柱支撑。

(2) 调整支架应用长把工具或爆破处理,严禁人员直接站在悬空危险处用手镐、长钎或铲子进行调整作业。

(3) 移架时单体支柱必须正对所要移的支架，防止单体支柱打滑。

(4) 施工时人员必须站在安全地点作业。

(5) 调整支架时不得进行其他作业。

(六) 拆架安全技术措施

当架尾下放至停采位置后，支架需要拆除以用于架头段接架，保持支架的循环利用状态。

(1) 拆架前，必须先清除架尾的浮矸、杂物，保持通道畅通。架内的高度不得低于1.6 m，架内松散的煤壁及时用手镐找掉，必须用贴帮柱、竹笆封闭严实，架尾的关门柱必须牢固可靠。

(2) 架头与架尾处巷道内支架应平整，安设牢固可靠，架爪下的煤岩悬矸及时用手镐找掉，并管理好巷道帮顶，严防淌漏且保持后路畅通。

(3) 架尾平段长度规定：架尾下放至停采线时要保持5 m的平段，架尾平段超过5 m长后及时回撤，但一次拆架长度不大于1 m。在支架中间打一排单体支柱，支柱必须支设有力。

(4) 撤架前，架尾余绳挽回架内，用铁丝固定在架内，位置要适当，不得影响施工安全。大绳随支架回撤，及时回拉，严禁埋入矸石。

(5) 拆架时，先拆除支架下部螺母，再中部螺母，最后上部螺母。下部螺母可以先卸掉8架，但上部U型丝螺母要卸1架回1架，U型丝螺母拆除后及时回支架。拆除时要面向架尾。

(6) 拆除支架使用手拉葫芦，手拉葫芦固定在架内适当的位置，用U型卡穿过支架与支架的大绳，上牢夹板，螺丝帽必须满丝，挂牢手拉葫芦，另一端用手拉葫芦的铁链系牢支架，由里向外一根一根拆除。在回拉时手拉葫芦至回撤支架之间的绳道上严禁站人，架内要保持最后一根单体支柱至最后一根支架梁不大于1 m。

(7) 架尾平段5 m内，架内原单体支柱距架尾最后一根支架梁距离不大于1.0 m，更换支柱时必须在支架下打不少于2根的临时点柱。拆架前必须打两根底撑，底撑距最后一根支架不超过1 m。施工时不得提前拆除原架内的支柱。

(8) 拆除支架使用回柱器、扳手、撬棍由里向外一根一根地拆除。严禁由外向里卸螺母拆支架。下部托梁卡子拆除数量不超过3排，上部及中部两道卡子拆除时要逐架拆除，一次只能回撤一架，卡子拆除后及时回收支架。

(9) 人员不准进入无支架的空间。应用杂木或木板横放在塘口处，防止窜矸伤人。同时拆架施工人员不少于2人。拆架人员必须站在安全地点进行作业，并随时注意观察顶板情况。必要时作业点与出煤点之间必须拦设好牢固可靠的护身网。

(10) 回出的支架及时运走，不得阻塞后路。

(七) 架内出煤安全技术措施

1. 架外放煤方式

当架外煤层较厚时，可沿倾斜方向在架爪下肢每隔5 m设一个放煤点进行架外放煤作业。架外放煤采用由下至上一次单轮放煤。工作面割两循环架外放煤一循环，架外放煤下循环要与上循环放煤口错开2.5 m。

由底板侧开始进行放煤作业，放架外煤采用长把工具配合手镐、钢钎进行。工作面内放架外煤时，放煤前必须在放煤口上下端沿倾斜方向打上不少于2根牢固可靠的单体液压支柱，同时该段支柱必须缩小间距，间距为0.5～0.8 m，以防止支架突然下落伤人。放煤时，人员必须站在安全地点（放煤点斜上方）进行作业，放煤时人员的头、身体和四肢严禁进入采空区。工作面只准安排一组人员进行放煤作业，由下向上进行，一轮放完后方可进行下一轮的放煤作业。放煤见矸后要及时停止，用木板、笆片等将放煤口背实，并将放煤口管理好，严禁将煤与矸石混出。工作面正常出煤时，严禁人员进行放架外煤作业。

2. 扒煤工艺

扒煤时，自下而上把溜子铺在一侧，扒煤工必须站在另一侧侧身扒煤。大块煤、矸必须砸碎后再下放，要边扒煤边放架（即走架，支架在重力作用下向下滑动），严禁放煤时堵严后路（即眼口）。溜子道和溜煤眼放煤时，溜煤路径上严禁有人，如溜子道部分地段溜子不能自溜，则需人工扒煤，扒煤工上前方支设两根单体支柱作护身柱。人员上下时，必须停止扒煤工作。

扒煤的一般原则：扒煤必须以下放支架为目的，扒煤前必须确定支架的行走方向——向顶板方向移架，先扒下肢煤；向底板方向移架，先扒上肢煤。要听从跟班区长和班组长的指挥，坚决杜绝趴架、仰架、啃顶、啃底、窜矸现象的发生。扒煤放架时必须注意手脚不要靠近支架上、下肢，不要扶、拉钢丝绳，以免支架突然移动而造成事故。支架上肢要与煤壁卡严，防止窜矸。折线空顶段长度不得超过0.4 m，宽度不大于0.2 m，超出则用单体支柱及时向前进行移架，或用单体支柱支设木料堵严缺口。下放支架时要时刻注意支架的走行情况，及时放架，杜绝支架悬空，以免造成事故。支架有仰架现象时，在仰架段下部用单体支柱打一横撑，顶牢下肢，用注液枪施加一定的压力后，用手镐或爆破破掉上肢煤（岩），使支架正常。支架有趴架现象时，在趴架段靠近煤壁用单体支柱打一立柱，顶牢上肢，用注液枪施加一定的压力后，用手镐或打眼爆破破掉下肢煤（岩），使支架正常。任何情况下扒煤人员身体的任何部位严禁伸出掩护支架之外，在架内工作身体要始终保持前倾姿势。

3. 架内出煤安全技术措施

（1）出煤时，工作面下出口处的单体支柱必须齐全可靠，对应架尾要按规定打点柱并管理好架边。

（2）溜子必须牢固可靠，第一节溜子必须生根牢固，防止块煤打掉。

（3）出煤时禁止出大块煤和矸石，防止打掉溜子或者伤人。

（4）出煤时要保持溜槽畅通，并禁止乱扒两帮煤。

（5）支架下放时要调整顶板架爪，使支架稍微前倾3°～5°，严禁无计划出煤、无计划下放支架。工作时要随时敲帮、找掉伞檐，防止片帮伤人。

（八）空区管理规定

（1）严禁人员进入空区。

（2）在架头第一架支架空区侧打好关门柱（圆木用长2.0 m，直径≥20 cm按横二竖三的形式拦设空区），关门柱必须打至实底并用板楔压实。

（3）在关门柱支设栅栏，并悬挂“严禁入内”牌。

（九）工作面角度大的安全技术措施

由于地质等因素的影响，而造成工作面中上部支架后仰，工作面坡度超规定（坡度最大处近 80°)，给工作面的安全管理工作造成困难，严重影响了工作面的正规循环。矿生产技术部门结合现场实际，采取了补打伪斜上山，回撤架头重新安装的方法，解决了架头支架后仰、坡度大的问题，实现了工作面的正规循环。现将该方法总结如下。

1. 工作面内选取伪斜上山开门点及上山的布置方式

(1) 开门点的选取

开门点(开掘巷道的位置)选取在距架头的坡度变大处以下(见图 3-8)。原因：① 开门点以下经过整理，可使支架平直，工作面倾角符合相关规程的要求(25°～30°)，便于支架的安装。② 开门点以下煤层坚硬，顶板完整，便于移架和煤壁管理。

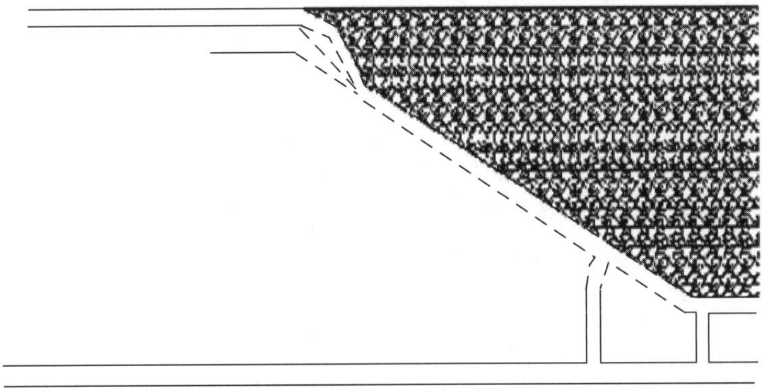

图 3-8 工作面角度大时开门点示意图

(2) 上山的布置方式

伪斜上山沿煤层底板布置，坡度按照 25°～30°，采用架棚支护，架棚尺寸见图 3-9。

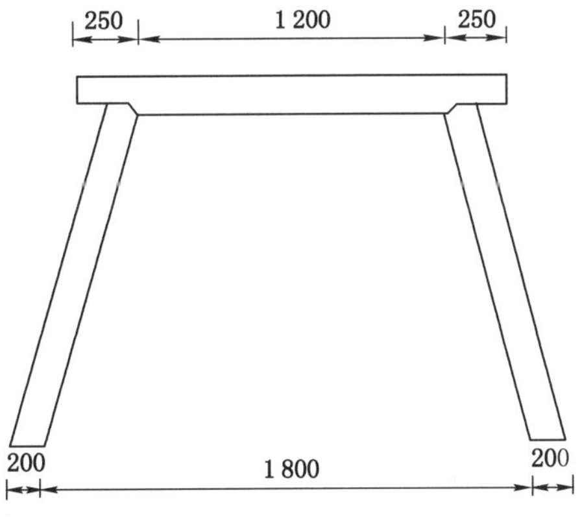

图 3-9 工作面角度大架棚断面图

2. 上山架棚掘进

(1) 伪斜上山按照 25°～30°的坡度掘进，当地质构造异常时可依然按照此坡度掘进，但不得破坏底板，可适当向顶板侧靠。

(2) 开门处采用单体液压支柱和开门抬棚对三岔门(T 形平巷道接处)进行加强支护，

对两个上拐角及支架的上肢使用钎棍、搪棒支护严密,以防窜矸。

(3) 掘进过程中打好探眼(右方、前方),探透后加强透点支护,并加固好迎头棚。

(4) 透点处卧底,使上运巷和伪斜上山顺直、平巷,便于以后支架的安设。

3. 工作面内的截绳、接绳

二煤柔掩支架共用3组钢丝绳连接,分别利用夹板、U型丝固定于支架的上肢、架背和下肢,其中每组钢丝绳由两股钢丝绳组成。

截绳、接绳位置及重新固定方式

(1) 截绳、接绳位置

截绳采用人工用钢锯锯断的方式。截绳、接绳位置自伪斜上山开门点的上三角开始向架尾数40架。要求每间隔8架,只能截断1根钢丝绳,不得多截或漏截。

(2) 拆绳、接绳及固定方式

首先截断1号点(上股绳),从1号点向下拆除4副夹板,开始接新钢丝绳,新绳留有约1 m的余量,用锚爪将新旧钢丝绳头卡牢。然后从1号点依次向架头方向拆除夹板,拔出上股旧钢丝绳,并将新绳安设到U型丝中,用夹板压实。1～3号点截绳、接绳方式相同。

4、5、6号点截断的钢丝绳为下股绳,其中4、5号点的拆绳、接绳方式与1、2、3号点相同。

6号点位于伪斜上山开门点以上(9架),为截断的最后一个点。当截断下股钢丝绳后,自截断点依次向开门点方向拆除夹板,拔出钢丝绳,到5号点为止。6号点压新绳以截断点为终点。

4. 支架的安装及架头的拆除

(1) 三岔门及截断点支架的支护

支架的安装从伪斜上山开门点的上拐角开始,安装前使用单体液压支柱对三岔门及三岔门上下5 m范围内的支架进行加固,要求单体支柱间距不得大于1 m,并保证支护有效。

(2) 支架的安装(沿截断点)

严格按照相关规程规定沿截断点向伪斜上山内安装支架,及时补打单体支柱加强支护,支设好单体支柱后及时拆除靠顶板侧棚腿,安装过程中保证支架的平直。

(3) 架头支架的拆除

① 拆架程序

a. 用风镐破除影响钢丝绳拆除的煤体。

b. 施工时不得提前拆除原架内的支柱。

c. 由里向外逐排卸去螺母且必须卸一排拆一排。

② 拆架的安全技术措施

a. 同时拆架施工人员不少于2人。

b. 拆除支架使用回柱器、扳手、撬棍由里向外一根一根地拆除。严禁由外向里卸螺母拆支架。

c. 为便于拆支架,取出支架后,可以用木料搪牢防止窜矸。但人员不准进入无支架的空间。

d. 上部托梁卡子拆除数量不超过3排,卡子拆除后及时回收支架,架内原单体支柱距架尾最后一根支架梁距离大于1.0 m时必须在支架梁下打上不少于2根的临时点柱。

e. 拆架人员必须站在安全地点进行作业，并随时注意观察顶板情况。

f. 回出的支架要及时运走，不得阻塞后路。

g. 每次拆架终止处距行人小眼不超过 5 m。

(4) 支架安装、下放方式及要求

① 安装时，将支架的上肢紧靠顶板，使其架背与顶底板夹角不小于 15°。支架安装后高度不小于 1.8 m，宽度不小于 0.7 m。

② 支架保持 0.125 m(中-中)的间距(每米 8 架)，每米必须安设 1 根焊有防滑翅的支架，支架紧跟顶板安装，沿煤层走向方向摆正，放稳、放牢，支架上肢保持水平，保证支架安装要紧贴巷壁。自开切眼开始沿推进方向按角度 25°～30°的坡度割煤下放支架。

③ 在上、下肢和架背两端各用 2 根托架大绳(ϕ24 mm 的钢丝绳，长度 30～40 m)和 U 型丝、夹板与支架卡紧连成一体。托架大绳上肢与架背、架背与下肢两道钢丝绳的固定夹板成“八”字形安装，钢丝绳保持平直，紧固有效。

④ U 型丝、螺帽要拧紧，扭矩力不小于 150 N·m。支架呈紧密排列。支架安装 5 m 后，将支架尾部大绳各挽回 3.5 m，用 8 道卡子与支架卡紧。当支架安装 20 m 后进行下放。

⑤ 支架装好后，下放前，在支架上肢下靠近煤壁一侧及时支设单体液压支柱，单体支柱必须用防倒绳系在支架上部的托架绳上，并固定可靠。支柱的柱距 2 000 mm±500 mm，为保持支架平直，工作面内的单体支柱初撑力不小于 1 MPa。

⑥ 防倒钢丝绳：采用绳径不小于 74.5 mm、股数为 6 股、同捻向的钢丝绳。钢丝绳长度为 1～1.2 m。固定单体支柱时，分别将钢丝绳的两端破开 0.3～0.4 m 长，每端破为两股，每三小股为一股。工作面内防倒绳固定：钢丝绳的一端固定在支架与支架之间的托架大绳上，固定时将一股钢丝绳穿过支架与支架之间的托架大绳，再将两股钢丝绳分别向两个方向交互捻结在一起，捻结时每股缠绕次数不小于 3 次。钢丝绳的另一端固定在单体支柱的上端柱帽下，将一股钢丝绳绕过下端后，再将两股钢丝绳分别向两个方向交互捻结在一起，捻结成圆环，捻结时每股缠绕次数不小于 3 次，捻结成的圆环内径与柱帽外径差不得大于 20 mm。

(十) 常见问题及处理

工作面几种常见问题发生原因及处理方法如下。

(1) 断绳

主要是由于在回采过程中支架走位不正常，炮眼布置不合理而造成钢丝绳受力不均或支架悬空后应力集中，从而造成钢丝绳局部断丝或断开。

处理方法：

① 工作面立即停止生产。

② 准备好大板、圆木、支柱和与大绳同粗的 10 m 长钢丝绳。

③ 背好两帮，打上撞楔。

④ 接绳，钢丝绳搭接不得少于 3.5 m，固定卡子不少于 6 个。

⑤ 用一根 10 m 长的钢丝绳加固在断绳处，两边各用 3～5 个绳卡卡紧卡牢。

(2) 绳头接绳处滑移(钢丝绳连接处抽头)

主要是由于绳卡没有上紧或绳卡质量不合格所造成的。可用一根 10 m 长的钢丝绳加固在抽头处，两边再用 3～5 个绳卡卡紧卡牢。

(3) 啃顶、啃底(柔掩支架爬顶板、爬底板)

主要是工作面遇特殊地质构造或支架行走不当造成的。柔掩支架爬顶板,需靠底板侧打点柱进行移架。支架上肢被顶板凸起岩体卡住时,处理方法是利用打在下肢的支柱和上、下方支架的拉力向底板方向移架将上肢脱离顶板,还可以用打眼爆破顶板凸起岩体的方法。柔掩支架爬底板,靠顶板侧打点柱进行移架,以打眼爆破方式爆破底板岩石。点柱需打在斜面上,并带 100 mm 深的岩石窝。支架下肢被底板凸起岩体卡住时,处理方法是利用打在上肢的支柱和上、下方支架的拉力向顶板方向移架将下肢脱离底板,还可以用打眼爆破底板凸起岩体的方法。

(4) 柔掩支架窜矸

主要是由于支架上肢与顶板间距超过 300 mm 或遇到顶板侧出现褶曲,而使支架背后的煤、矸涌入工作面。发生窜矸时,必须先清理干净杂物,保证退路畅通无阻。柔掩支架窜矸一般用大插板、小笆片、背板插严即可,也可打撞楔。间距大时利用手持式风钻向顶板打眼,打好铁钎棍(废风钻钎子)做成假顶,再利用支柱及时移架到位,封闭窜矸位置。为了防止支架远离顶板,必须在回采过程中每茬炮向顶板方向打一探眼,探明支架距顶板距离,如果远离顶板必须及时扒下肢煤而向顶板方向移架。为防止窜矸伤人,无论初采还是正常回采,当上肢与煤壁之间出现宽 100 mm、长度超过 200 mm 的间隙时,必须及时用液压支柱向前移架并用笆片、搪棒搪严。

(5) 叠架

其主要是工作面推进速度不一致,架头爆破落煤高度超过 1.5 m 所致。发生叠架故障时,要求其前段减小架头爆破落煤高度(炮眼深度)或停止采煤,利用支柱减小叠架上部的支架向下移动距离;及时拆除架尾的多余支架,加大叠架下部支架的移动距离,分多次逐渐将叠架处支架抻开。

(6) 支架上方无垫层或垫层厚度不够

处理方法如下:

① 支架安装下放后,架后无垫层或垫层厚度不够时,必须在支架上肢向后上部煤层打扇形炮孔,深度 5 m,一次爆破,以保证掩护支架后方有 3 m 以上厚度的垫层。安架过程中严禁扒架后煤炭。

② 安架过程中如果掩护支架后方的垫层厚度不到 3 m 或没有垫层,必须停止安架工作,把上方的煤柱放下,以确保掩护支架后方的垫层厚度符合要求。

③ 回采过程中如果掩护支架后方的垫层厚度不到 3 m 或没有垫层,必须停止回采工作,回拆工作面支架,然后从架尾处向下 5 m 重新开切巷以确保掩护支架后方的垫层厚度符合要求。

④ 为保证柔掩工作面上端头支架的正常安装,安架处巷道的坡度必须平缓,采煤工作面推进至距端头 6 m 时,每循环采高不得超过 0.7 m,以防止该地段坡度过大或台阶超高而发生事故。

三、 防治水

工作面施工用水大都沿运输、回风平巷内的地沟泄出,对回采工作影响不大。如发现工作面透老巷、老空,煤层变潮、渗水,工作面的涌水量突然大于正常涌水量,应立即停止工作,撤出人员，向调度室报告。

工作面或其他地点发现有挂红、挂汗、空气变冷、出现雾气、水叫、顶板淋水加大、顶板来压、底板鼓起或产生裂隙出现渗水、水色发浑、有臭味等突水预兆时，必须停止作业，采取措施，立即报矿调度室，发出警号，撤出受水威胁地点的人员。

四、 爆破管理

(一) 打眼、装药、爆破安全技术措施

1. 施工前检查

施工前必须对架内的支护情况进行全面检查，确认无安全威胁后方可作业。

2. 打眼

(1) 打眼前必须对工作面进行全面洒水。

(2) 打眼前必须将浮煤清理干净，并将溜子用 14# 铁丝拴牢在架内的支柱上，用煤埋住。

(3) 打眼前要先检查风煤钻，确认完好方可打眼。打眼完毕后把风煤钻放置在工作面上下出口以外不少于 15 m 的安全处。

(4) 工作面及其他作业地点风流中瓦斯浓度达到 1%，必须停止用风煤钻打眼。

(5) 向顶板架爪处煤壁打眼、装药、爆破与向底板侧架爪处煤壁打眼、装药、爆破不得同时进行。

(6) 向顶、底板侧架爪处煤壁打眼、装药、爆破必须在煤体坚硬稳固的状态下进行。

(7) 向顶、底板侧架爪处煤壁打眼、装药、爆破前要根据现场情况用支护材料将顶底板侧架爪处煤壁拦护好，严防爆破后淌漏堵塞断面。

3. 装药

(1) 装药前必须检查气体浓度，其附近 20 m 内风流中的瓦斯浓度达到 1.0% 不准装药。

(2) 装药前，眼内煤岩粉必须掏干净。

(3) 装药前，爆破工提前在安全地点做好起爆药卷，制作所用起爆药卷必须在人员较少、无杂散电流的安全地点进行(此项工作由爆破工完成)。做完起爆药卷后，引线必须缠绕在药卷上，两引线扭结短路，用专用木箱运到工作面。打眼后，对炮眼进行检查。工作面装药时，停止一切与装药无关的工作。

(4) 班组长必须亲自布置专人在警戒线上和可能进入爆破地点的所有通路上担任警戒工作，警戒人员在距爆破地点 100 m 以外有掩护的地点站岗、拉线、挂牌。每次爆破都需专人站岗、撤岗，岗哨设好后任何人不得进入爆破警戒线以内。

(5) 装药必须采用正向装药。按照爆破说明表，把起爆药卷放到炮眼内，一手用炮棍顶住起爆药卷，一手拽住雷管脚线，把药卷轻轻送至眼底，把炮棍拔出，然后填入 30～40 mm 的炮泥，再填入水炮泥 1 个，最后用炮泥封满。装药后，必须把电雷管脚线扭结悬空，严禁电雷管脚线、爆破母线与支架、煤壁等导电体接触。

(6) 连线方式采用串联，一次起爆时，最后一段的延期不得超过 130 ms，起爆顺序是 1、2、3、4、5 段。

(7) 爆破前，爆破母线必须扭结短路，班组长必须清点人数，确认无误后，方准把爆破命令牌交给瓦斯检查员。在瓦斯检查员检查瓦斯、煤尘浓度确认符合规定后，把爆破命令牌交

给爆破工，爆破工接到起爆命令后，必须先发出爆破警号，至少再等 5 s，方可起爆。爆破工必须在距爆破地点 100 m 以外有掩护的地点进行起爆。

(8) 爆破前后，对工作面附近 20 m 的范围洒水降尘。爆破后 30 min，待工作面的炮烟被吹散，爆破工、瓦斯检查员和班组长必须首先巡视爆破地点，检查煤壁伞檐、悬矸、支架、通风、爆破情况和支架行走情况；检查单体支柱支设和防倒绳是否牢固、有效、正确、可靠。发现安全隐患，必须立即处理。确认无危险后方可扒煤。

(9)“一炮三检”：工作面装药前、爆破前、爆破后，都必须检查工作面爆破地点沿工作面倾斜方向的两端各 20 m 范围内的工作面风流中的瓦斯浓度以及起爆地点的瓦斯浓度；若瓦斯浓度达到 1.0%，不准装药、爆破。爆破后瓦斯浓度达到 1.0%时，必须立即处理，否则不准继续爆破。瓦斯检查员要认真、及时填写“一炮三检”瓦斯检查记录。

(10) 炮眼封泥应用水炮泥，水炮泥外剩余的炮眼部分应用黏土炮泥或用不燃性的、可塑性松散材料制成的炮泥封实。

(11) 架内眼每眼装药量为 150 g，可根据煤体松软情况适当减少。

(12) 装药使用竹质或木质炮棍。电雷管脚线要悬空挽好，不得与电缆导体接触，必须扭结成短路，炮眼内各药卷必须彼此密接，严禁炮眼空心。要采用正向装药，串联连线，一次装药一次爆破。

(13) 必须按照炮眼布置顺序进行装药。

(14) 必须选用同一厂家、同一品种的合格的电雷管。

(15) 从成束的电雷管中抽取单个电雷管时，不得用手拉脚线硬拽管体，也不得用手拉管体硬拽脚线。应将成束的电雷管顺好，拉住前端脚线将其抽出。抽出单个电雷管后，必须将其脚线末端扭结成短路。

(16) 当工作面有 2 个或 2 个以上自由面时，在煤层中最小抵抗线不得小于 0.5 m。

(17) 装配起爆药卷时，必须防止电雷管受振动和冲击、折断脚线和损坏脚线的绝缘层。

(18) 电雷管只许由药卷的顶端装入。不得用电雷管代替竹棍、木棍扎眼。电雷管必须全部插入药卷内。严禁将电雷管斜插在药卷的中部或捆绑在药卷上。

(19) 电雷管插入药卷后，应用脚线将药卷缠住，以便电雷管固定在药卷内，还必须扭结电雷管脚线的末端成短路。

(20) 脚线的连接工作可由经过专门训练的班组长协助爆破工进行。爆破母线与脚线的连接、检查线路和通电工作只准爆破工一人操作。

4. 爆破施工安全技术措施

(1) 爆破工必须按国家有关规定培训合格，取得爆破工操作资格证书后，方可从事工作面的装药、爆破工作。工作面爆破工作必须由专职爆破工负责。

(2) 严格执行爆破材料领退制度，领退要有记录、签字，现场必须有班组长签字，做到用多少领多少，剩余部分必须交回爆破材料库，严禁乱扔乱放。由爆破材料库直接向工作地点用人力运送爆破材料时，应遵守下列规定：

① 电雷管必须由爆破工亲自运送，炸药应由爆破工或在爆破工监护下由其他人员运送。

② 爆破材料必须装在耐压和抗撞冲、防振、防静电的非金属容器内。电雷管和炸药严禁装在同一容器内，严禁将爆破材料装在衣袋内。领到爆破材料后，直接送到工作地点的爆

破器材箱内，并加锁。

(3) 装配起爆药卷时，必须遵守下列规定：

① 必须在顶板完好、支架完整、避开电气设备和导电体的安全地点进行。严禁坐在爆破材料箱上装配起爆药卷。装配起爆药卷的数量，以当时当地需要的数量为限。

② 装配起爆药卷必须防止电雷管受振动、冲击，折断脚线和损坏脚线绝缘层。

③ 电雷管必须由药卷顶部装入，严禁用电雷管代替竹棍、木棍扎眼。电雷管必须全部插入药卷内。严禁将电雷管斜插在药卷的中部或捆在药卷上。

④ 电雷管插入药卷后，必须用脚线将药卷缠住，并将电雷管脚线扭结成短路。

(4) 当炮眼深度小于 0.6 m 时，不得装药、爆破；在特殊条件下，如挖底、刷帮、挑顶、爆破大岩块确需浅眼爆破时必须遵守下列规定：

① 每孔的装药量不得超过 150 g。

② 打眼与装药不得平行作业，装药前必须将风钻及管线撤离工作面。

③ 炮眼深度不得小于 0.4 m，否则，严禁装药、爆破；炮眼深度大于 0.6 m 时，必须坚持正常使用水炮泥。炮眼必须用黏土炮泥封满填实。

④ 工作面有 2 个或 2 个以上自由面时，在煤层中最小抵抗线不得小于 0.5 m，在岩层中最小抵抗线不得小于 0.3 m。浅眼装药爆破大岩块时，最小抵抗线和封泥长度都不得小于 0.3 m。

⑤ 严格执行“一炮三检”制度和爆破“三保险”制度。爆破前、爆破后必须对爆破地点附近 20 m 以内洒水降尘。

⑥ 爆破前必须检查并加固爆破地点附近的支架。

⑦ 爆破的全过程必须有班长及以上干部在现场指挥。

⑧ 爆破前，由班长亲自布置专人在通往爆破地点的所有通路上的安全距离以外设岗警戒，不接班组长亲自通知不得私自撤岗。

(5) 装药前和爆破前有下列情况之一的，严禁装药、爆破：

① 工作面风量小于作业规程中的规定。

② 炮眼内发现异状，如炮眼缩小、塌孔、变形或有裂隙。

③ 爆破地点附近 20 m 以内风流中瓦斯浓度达到 1.0%。

④ 工作面的煤尘超过作业规程的规定。

⑤ 掩架过塘口架尾和架头平段内。

⑥ 工作面注液枪枪线未盘好。

⑦ 工作面超前支护范围内的电气设备、电缆未加以可靠的保护。

⑧ 工作面备用支护材料的规格、数量不符合作业规程规定的规格、数量。

⑨ 爆破母线的长度不足、质量和敷设质量不符合相关规程规定。

⑩ 工作面所有人员未撤离到警戒线外，或各路警戒岗哨未设置好，或班组长未清点好人数。

(6) 爆破母线和连接线应符合下列要求：

① 煤矿井下爆破母线必须使用符合标准的绝缘双线，爆破母线要有足够的长度。

② 爆破母线和连接线、电雷管脚线和连接线、脚线和脚线之间的接头必须相互扭紧并悬挂，不得与柔掩支架、单体液压支柱等导电体接触，不得从电气设备上通过，不得挂在淋水

下面，不能挂在有冒顶或片帮危险处。

③ 爆破母线的接头数不应超过 1 个，每个接头要刮净锈垢后接牢，并用绝缘胶布包紧。爆破母线外皮有破损时，必须及时处理。

④ 只准采用绝缘母线单回路爆破。

⑤ 爆破前，爆破母线必须扭结成短路。

⑥ 在井下爆破母线要放置在干燥安全地点；爆破母线使用后，要上井放置在干燥地点。要每 7 d 对爆破母线做一次电阻测定和绝缘性能测定。

(7) 发爆器必须统一管理、发放，必须定期校验发爆器的各项性能参数，并进行防爆性能检查，不符合规定的严禁使用。

(8) 处理拒爆、残爆时，必须在班长及以上干部指导下进行，并必须在当班处理完毕。处理拒爆、残爆时，必须遵守下列规定：

① 连线不良造成的拒爆，可重新连线起爆。

② 在距拒爆炮眼 0.3 m 以外另打与拒爆炮眼平行的新炮眼，重新装药起爆。

③ 严禁用镐刨或从炮眼中取出原放置的起爆药卷或从起爆药卷中拉出电雷管。不论有无残余炸药严禁将炮眼残底继续加深；严禁用打眼的方法往外掏药。

④ 爆破前后必须对爆破地点附近 20 m 以内进行洒水降尘。炮眼封泥必须正常使用水炮泥，水炮泥外端必须用黏土炮泥封满、封实炮眼；处理拒爆时炮眼装药量不得超过作业规程规定的装药量，炮眼装药结构按照原作业规程中的炮眼装药结构图进行装药。

⑤ 处理拒爆的炮眼爆炸后，爆破工必须详细检查炸落的煤、矸，收集未爆的电雷管。

⑥ 在拒爆处理完毕以前，严禁在该地点进行与处理拒爆无关的工作。

（二）火工品管理

爆破工必须把炸药、雷管分放在不同的箱内。箱子必须加锁，严禁乱扔乱放。爆破时，箱子必须放在警戒线以外顶板完好、支护完好且避开电气设备的安全地点。

五、“一通三防”及安全监测

（一）通风设施管理

(1) 通过风门时，要随手关好，严禁两道风门同时打开。

(2) 爱护通风设施，严禁任意损坏，不得随意拆除连锁装置，经常检查工作面风门启闭、完好情况，保证工作面风量充足。

(3) 通风设施前后 5 m 范围内禁止堆放物料。

（二）通风安全技术措施

(1) 加强通风管理，确保工作面的风量达到要求，风速满足要求。

(2) 因巷道冒顶或其他原因而使工作面风量不足时，应立即撤人至通风完好的地点，然后汇报给调度室，工作面风量达标后再生产。

(3) 确保工作区域内空气成分满足要求，正常情况下氧气不低于 20%，二氧化碳不高于 0.5%，其他气体浓度符合相关规程规定。

(4) 各班组长必须认真履行瓦斯检查员手簿签字制度，及时掌握工作面瓦斯浓度的变化情况，必要时按要求组织人员撤离。

(5) 临时停工的地点，不得停风；否则必须切断电源，设置栅栏，安设警标，禁止人员进入，并向调度室报告。停工区内瓦斯或二氧化碳浓度达到3%或其他有害气体浓度超过规定不能立即处理时，必须在24 h内封闭完毕。所有人员都不得破坏栅栏和密闭，严禁擅自进入栅栏。

(三) 防治瓦斯安全技术措施

(1) 严格执行《煤矿安全规程》规定，必须设专职人员负责便携式甲烷检测报警仪的充电、收发及维护。每班要清理隔爆罩上的煤尘，发放前必须检查便携式甲烷检测报警仪的零点和电压或电源欠压值，不符合要求的严禁发放使用。

(2) 甲烷传感器应垂直悬挂在架头，距离顶梁不超过300 mm，距离巷道侧壁不得小于200 mm，安设时要避开顶板破碎、淋水的地点。

(3) 严格执行瓦斯巡回检查和"一炮三检"制度，工作面瓦斯检查每班不少于3次，发现异常时必须及时汇报处理，并严格执行矿生产部门制定的防瓦斯、煤尘措施。严禁出现空检、漏检现象。

(4) 严格执行瓦斯管理制度，当工作面回风流中瓦斯浓度达到0.8%时，停止使用风煤钻湿式打眼且不准爆破；当回风流中瓦斯浓度达到1.5%时，必须停止作业，并撤出人员，切断电源，查明原因，汇报给调度室，由矿总工程师组织有关人员采取措施进行处理。

(5) 下井人员必须随身携带自救器，熟悉其使用方法。自救器必须定期检查更换，确保其完好有效。

(四) 防治煤尘安全技术措施

(1) 认真执行综合防尘措施，保障防尘用水有充足的水量和符合要求的水压。

(2) 严格通风、瓦斯、煤尘管理，搞好综合防尘工作，采取打眼时采用湿式钻眼、爆破前后要洒水灭尘、冲洗井壁巷帮、装煤岩洒水、煤层注水、净化风流和使用水炮泥等综合防尘措施，进、回风道必须安设隔爆水棚，装载点设置喷雾装置。

(3) 工作面有完善的防尘洒水管路系统。

(4) 工作面进、回风巷必须安设风流净化水幕。具体安装位置：工作面回风巷安设两道覆盖全断面的净化水幕，距工作面煤壁30 m处安装一道水幕，距回风口5～10 m处安装一道水幕，且挂牌管理，并保持常开。工作面生产时，两道水幕保持常开，且派专人负责管理。进风巷道内安设两道净化水幕，第一道距进风巷道口不大于30 m，第二道距工作面距离不得大于50 m。所有净化水幕必须完好，能覆盖巷道全断面。

(5) 定期冲刷巷道。进、回风巷设置专用防尘软管，定期冲刷巷道，确保无积尘。工作面回风巷中架头前100 m范围内每班冲尘一次；100 m外的巷道每天一次冲尘，防止厚度超过1 mm、连续5 m长度的粉尘堆积。

(6) 搞好个体防护，进入工作面及回风侧的工作人员必须坚持佩戴防尘口罩。

(7) 工作面溜煤小眼口安设一组喷雾降尘装置，保证喷雾装置能正常使用。

(8) 机电设备上的煤尘，应班班清理，无煤尘积聚。

(9) 严格执行规定的防尘制度，每班对防尘设施进行检查，对不合格的防尘设施及时维修。

（五）安全监测安全技术措施

（1）为确保煤矿安全监测设备的产品质量，安全监测设备必须符合国家有关标准和行业标准，下井前应检查其产品合格证、煤矿矿用产品安全标志及安全性能；检查合格并签发合格证后，方准入井。

（2）根据《煤矿安全规程》规定，没有装设安全监控系统的采煤工作面，必须装备甲烷断电仪；低瓦斯矿井的采煤工作面，必须在工作面设置甲烷传感器（并配有瓦斯检测自动断电仪主机），同时悬挂一台便携式甲烷检测报警仪。

（3）煤矿安全监测装备必须按有关规定定期进行调校、校正，每月至少进行一次。甲烷传感器、便携式甲烷检测报警仪等采用载体催化元件的甲烷检测设备，每 7 d 必须用标准气样和空气样调校 1 次，每 7 d 必须对甲烷超限断电功能进行测试。

（4）安全监测设备之间使用专用阻燃电缆连接，严禁与调度电话线和动力电缆等共用，确保本质安全防爆性能。

（5）必须每天检查甲烷断电仪及电缆是否正常，使用便携式甲烷检测报警仪或便携式光学甲烷检测仪与甲烷传感器进行对照，并将记录和检查结果报检测值班员；当两者读数误差大于 0.05％时，先以读数较大者为依据，采取措施并必须在 8 h 内对 2 种设备调校完毕。

（6）甲烷断电仪在井下连续使用 6 个月以上，应运到井上进行全面检修、调试、校正。

（7）甲烷断电仪发生故障时，必须及时处理。在处理故障期间必须采用人工检测等安全措施，否则必须停产修复。因故障检修与检测装置关联的电气设备，需要停止甲烷断电仪的运行时，必须有瓦斯检查人员在现场的配合下进行检修工作。

（8）甲烷断电仪的安装布置：

① 安装甲烷断电仪时，必须按产品使用说明书的要求在入井前，经过 48 h 的通电运行，调试合格后方可下井安装。严禁不合格的甲烷断电仪在井下使用。

② 甲烷断电仪的供电电源必须取自控制开关的电源侧，严禁接在控制开关的负荷侧。

③ 安装后要进行运行前的各项指标的调试，合格后方可交付使用。井下调试不合格的，必须立即更换或上井检修鉴定。

（六）防灭火安全技术措施

（1）严禁携带烟草和点火物品，入井人员严禁穿化纤衣服。

（2）加强电气设备管理，杜绝失爆现象，严禁带电作业。

（3）井下使用的汽油、机油等必须装入盖严的铁筒内，由专人押运到使用地点；使用剩余部分必须运回地面，严禁在井下存放。井下使用的润滑油、棉纱、布头和纸等，必须存放在盖严的铁桶内；用过的棉纱、布头和纸，也必须放在盖严的铁桶内，并由专人定期送到井上处理。

（4）加强巷道支护维修，杜绝空帮、空顶，严禁堆积浮煤。

（5）已经报废或无用的巷道应及时充填或封闭。

（6）建立完整的防火系统，工作面回采结束后及时封闭。

（7）在配电点各配置 2 个灭火器，1 个灭火砂箱，砂箱存砂量不低于 0.2 m^3。

六、 运输管理

（1）设备和大件上下井装车时，要派专人进行检查，完好后方可装车。

(2) 装车时,要安放平稳,封车牢固可靠,无滑动部位,不超高超宽。

(3) 井下提升运输设备大件前,要对轨道、巷道、绞车驱制动装置、钢丝绳、钩头、信号系统等安全设施进行全面检查,确保无误后方可作业。

(4) 运送支架时要捆绑牢固,防止滑动、脱落,在上山提升至变坡时再进行二次固定,防止滑落至轨道下山。装车、提升运输、拖运时,必须由区队长或班组长统一指挥。

(5) 人力推车时车辆保持一定的距离(两车间距不少于 12 m),严禁"放飞车"。在巷道内推车时,严禁用肩扛车。

(6) 斜巷运输严格执行"行人不行车,行车不行人、不作业"的规定。

(7) 严禁用矿车运送人员,严禁扒、蹬、跳车。

(8) 严禁用空钩头拖拉钢轨等物料,拉空钩头时必须有专人牵引,并通知绞车司机低速运行。严禁用其他物品代替连接装置。

(9) 运送超大、超宽、超高、超重以及特殊物料时,必须有经批准的安全措施,并严格按措施要求操作。

(10) 挡车设施必须处于常闭状态,在上部平车场,严禁有大量余绳情况时下放物料和矿车。

(11) 提升时严禁非把钩信号工进入车场,已进入提升区段的要躲入安全地带。

(12) 认真执行岗位责任制和现场交接班制度。矿车掉道时禁止用小绞车硬拉复位。

(13) 电瓶车运输、司机必须执行下列规定:

① 电瓶车司机必须经过培训考试,取得合格证,然后方可上岗操作。

② 机车运行中严禁司机将头或身体探出车外。严禁司机在车外开车。严禁不松闸就开车。司机离开座位时,必须切断电动机电源,将控制手把取下,扳紧车闸,但不得关闭车灯。

③ 严禁使用"逆电流"(即"打倒车")的方法制动电瓶车。

④ 确需要机车顶车时,严禁异轨道顶车,严禁不连环顶车。

⑤ 电瓶车在接近风门、巷道口、硐室出口、弯道、道岔、坡度较大或噪声较大处,电瓶车前面有人或视线内有障碍物时,必须降低速度,并发出警号。

⑥ 需要司机扳道岔时,必须停稳机车,刹紧车闸,再下车扳动道岔,严禁在车上扳动道岔,严禁挤岔强行通过。

⑦ 司机应检查机车的闸、灯、警铃(喇叭)、连接装置和撒砂装置,任何一项不正常或防爆部分失去防爆性能时,都不得使用该机车。

⑧ 不得在能自动滑行的坡道上停放机车或车辆,确需停放时,必须用可靠的制动器将车辆稳住。

⑨ 电瓶车运行前必须检查车辆连接情况,严禁出现矿车插销不到位现象,并使用好红尾灯。

⑩ 电瓶车通过风门时必须人工开启风门,严禁用机车顶风门。通过风门后必须及时关闭风门。

⑪ 电瓶车司机必须在接班后及时更换电瓶,严禁出现电瓶连续运行状况。

七、 机电管理

(1) 机电工区认真管理好各种机电设备,检修制度化,维护正常化。

(2) 严禁失爆,严禁带电搬迁电气设备(含电缆)。检修或搬运前必须切断电源,并用同电源电压相适应的验电笔验电,开关打到“停止”位置加闭锁,并悬挂“有人作业,严禁送电”的停电牌。

(3) 停送电要严格按照审批的程序执行。

(4) 设备的安全保护装置及零配件要齐全、可靠,并按规定要求进行检查、试验。

(5) 设备不得被淋水、埋压、砸碰。设备要排放整齐,电缆吊挂整齐。

(6) 控制及断电开关必须能正确动作。

(7) 井下漏电保护、风电瓦斯闭锁必须专人负责检修,确保其动作灵敏可靠。

(8)“五小”设备上板,电气设备上台。

(9) 严禁非电工人员打开各种电气开关。

(10) 井下电缆必须吊挂整齐,消灭脱钩,铁丝吊挂、埋压等现象。

(11) 移动式电气设备的橡套电缆要进行绝缘检查。

(12) 电器及其开关要保持整洁,洒水时不得洒在电器及其开关上。

(13) 液压泵站安全技术管理措施:

① 液压泵必须由经过专门培训的司机操作管理,司机必须持证上岗、认真负责。

② 启动泵站前,应首先进行检查,保证各部件无损伤、各连接螺丝紧固、润滑油位正常、液位适当、密封完好、乳化液配备合理、自动配比装置完好、各种保护齐全可靠、运转方向为正向。每班注意检查泵站的各部件螺栓及连接件,特别是泵头吸液阀及排液阀的螺栓不得松动。

③ 泵站启动后,如有异常要立即停泵检查处理,严禁带病运转,严禁反向运转。注意观察泵站压力是否稳定在调定的范围内,如发现压力变化较大,应立即停泵,查明原因进行处理。注意运转声音是否正常,平时要观察阀组动作的节奏和压力表、管路跳动情况,发现有运转声音不正常和振动较大时要立即停泵检查处理。

④ 当工作面管子破裂时,要立即停泵处理。开泵前必须向工作面发出开泵信号再等5 s开泵。

⑤ 检修或更换泵的机械、液压元件时,必须把开关的隔离手把打到零位,严禁带压操作。

⑥ 泵的供液压力不低于18 MPa。严禁随意调整安全阀的整定值。

⑦ 加强液压系统的清洁卫生工作,泵箱过滤器应定期清洗,各种胶管、液压元件应保持清洁,严禁泵箱敞口,严禁不经过滤网直接向泵箱倒入乳化油。乳化液的配制、水质、配比等,必须符合有关要求。泵箱应设自动给液装置,防止吸空。

⑧ 乳化液箱内乳化液浓度(规定浓度2%~3%)每小班检查不少于3次。浓度不足时,需及时处理,否则不准开泵。

⑨ 检查各部件及接头,及时处理漏液现象。

⑩ 检查吸液阀和排液阀的情况,不合格必须及时处理或更换。

⑪ 检查柱塞密封情况,发现密封损坏时应立即更换。

⑫ 清除泵站周围的杂物，擦去机器上的煤尘、油污。

⑬ 液压泵站必须按要求设置两只 4 kg 的 MFZ/ABC 型干粉灭火器和砂箱（储砂量不得少于 0.2 m^3）等灭火器材。

⑭ 液压泵站必须按要求设置照明装置。

（14）灭火器安全技术管理措施：

① 使用手提式干粉灭火器时，应手提灭火器的提把，迅速赶到着火处。

② 在距离起火点 3～5 m 处，放下灭火器。在室外使用时，应占据上风位。

③ 使用前，先把灭火器上下颠倒几次，使筒内干粉松动。

④ 使用内装式或贮压式干粉灭火器时，应先拔下保险销，一只手握住喷嘴，另一只手用力压下压把，干粉便会从喷嘴喷射出来。

⑤ 用干粉灭火器扑救流散液体火灾时，应从火焰侧面对准火焰根部喷射，并由近而远，左右扫射，快速推进，直至把火焰全部扑灭。

⑥ 用干粉灭火器扑救容器内可燃液体火灾时，亦应从火焰侧面对准火焰根部，左右扫射。当火焰被赶出容器时，应迅速向前，将余火全部扑灭。灭火时应注意不要把喷嘴直接对准液面喷射，以防干粉气流的冲击力使油液飞溅，引起火势扩大，造成灭火困难。

⑦ 用干粉灭火器扑救固体物质火灾时，应使灭火器嘴对准燃烧最猛烈处，左右扫射，并应尽量使干粉灭火剂均匀地喷洒在燃烧物的表面，直至把火全部扑灭。

⑧ 使用干粉灭火器应注意灭火过程中始终使其保持直立状态，不得横卧或颠倒使用，否则不能喷粉；同时注意干粉灭火器灭火后防止复燃，因为干粉灭火器的冷却作用甚微，在着火点存在着炽热物的条件下，灭火后易产生复燃。

（15）油脂管理：

① 在生产中所需要的各类油脂（机油、乳化油等）要按每月使用数量，提前领好下井，运送到指定地点存放好。

② 油桶、放油口要保持干净卫生，油桶必须上盖，防止脏物污染油脂。

③ 油质要定期检查，不得使用过期、变质或不符合规定型号的油脂，要保证油脂的质量。

④ 各设备的油脂使用达到一定时间或质量发生变化时，必须及时更换，更换下来的废油脂要装桶升井，严禁乱放乱倒。

⑤ 井下各种油桶必须有标号，挂上标志牌。各种盛油的塑料桶也要写清标号，定期清洗，确保桶内干净卫生。

⑥ 油桶、油抽必须专用，用完不准乱放，必须及时加套保护。

⑦ 油脂存放地点必须按要求设置两只干粉灭火器和砂箱（储砂量不得少于 0.5 m^3）等灭火器材。

第四章　急倾斜煤层机采工艺及设计

第一节　急倾斜煤层机械化装备

株柏煤矿煤层倾角一般为45°～55°，采用柔性掩护支架支护，爆破落煤，职工劳动强度和安全管理难度都比较大，而且随着煤炭开采人工成本的不断增加，炮采工艺已经满足不了矿井的根本需求。实现机械化采煤，消除炮采造成的不安全因素，有效减轻工人的劳动强度已势在必行。探索大倾角采煤无人化或少人化开采技术，成为株柏煤矿最迫切的任务。为此，株柏煤矿经过多次分析论证和研究试验，研究出一款自行式急倾斜煤层采煤机，从而在急倾斜煤层实现了机械化采煤。自行式爬底板采煤机的成功研制，不但降低了工人的劳动强度和人工成本，提高了工作面安全系数，还改善了井下作业环境，杜绝了使用火工品人工爆破所带来的安全隐患，实现了安全高效开采，产生了显著的经济、社会效益，对建设安全高效矿井具有十分重要的现实意义和推广应用价值。

一、　自行式急倾斜煤层采煤机

该系统分为动力系统、卷管系统、供电及信号传输系统、采煤机四部分，其中动力系统主要为安装在工作面上端头的液压泵站，为采煤机、卷管系统提供液压动力。供电及信号传输系统安装在液压泵站附近，主要功能是为液压泵站电动机及控制电路、载波通信系统和信号传输系统供电。卷管系统主要是将随煤机上下行走的液压管路进行收放。采煤机为系统主要部分，动力通过随机安装的液压胶管由液压泵站提供，机身上安装电磁阀控制各部液压部件动作；机身下部与煤层接触部分为平板，前后端做成雪橇式，以减少压强和行进阻力；靠近老空侧的机身安装驱动马达，牵引链绕过行走驱动马达上的链轮，两端分别固定在工作面上下端头，机身两侧安装左右调节液压缸，调整煤机角度；前部为摇臂和滚筒，摇臂与滚筒旋转实现割煤；上部安装电磁阀，控制液压部件动作并通过电缆载波与控制器通信，使用外部遥控器控制煤机行走、割煤及调整，如图4-1所示。

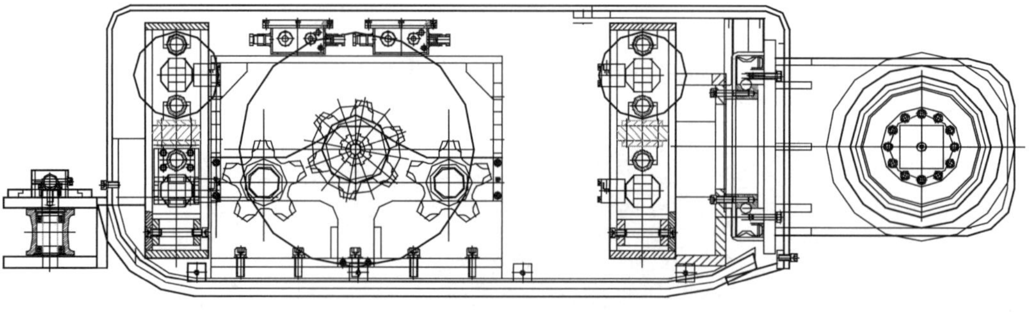

图4-1　自行式急倾斜煤层采煤机

二、 自行式急倾斜煤层采煤机主要技术参数

自行式急倾斜煤层采煤机应在空气温度 0～40 ℃、相对湿度不大于 85%(环境温度为 20 ℃±5 ℃时)、海拔高度不超过 1 000 m、无腐蚀性气体的环境中工作。

其主要技术参数见表 4-1。

表 4-1　自行式急倾斜煤层采煤机技术参数

项目		单位	技术参数
产品类型			自行式急倾斜煤层采煤机
操控方式			无线遥控先导控制
主电动机功率		kW	45
行走速度		m/s	0.05
最小转弯半径		m	≤1.5
接地比压		MPa	≤0.1
截割深度		mm	500
截割角度		(°)	180
额定工作压力		MPa	26
工作状态外形尺寸	长	mm	2 500
	宽	mm	850
	高	mm	900
整机质量		kg	2 500

三、 自行式急倾斜煤层采煤机主要结构及其原理

自行式急倾斜煤层采煤机采用电动全液压驱动，通过无线遥控系统实现对整机进行控制。其主要由牵引部、截装部、导向液压缸、底托板等组成，采用侧面旋转单滚筒，锚链式牵引，沿煤层倾斜爬底板穿梭破煤。牵引部由马达驱动主动链轮，配套圆环链牵引整机行走。截割部装置通过驱动截割滚筒旋转破煤。液压系统采用负载传感变量系统，根据负载情况自动调节流量，工作平稳无冲击，性能可靠。电气控制系统主要由隔爆型电控箱、无线遥控发送器、矿用低浓度甲烷传感器等组成。

1. 牵引部

牵引部由驱动马达、主动链轮、从动链轮、圆环链、导向滚筒、底托板等部件组成。液压站提供液压油驱动马达旋转，马达驱动花键轴带动主动链轮旋转，同时带动圆环链穿过从动链轮和导向机构，驱动整机行走。

2. 截割部

截割部由截割滚筒、回转支撑、截割马达、摇臂等组成。截割马达将动力传给截割滚筒实现破煤，通过回转驱动装置驱动摇臂旋转，带动截割装置旋转，实现 180°破煤。

3. 喷雾装置

破煤装置配备外喷雾装置，外部的总水管接头与内喷雾和外喷雾的进水管相连。外部的喷雾接头安装在旋转机构的箱体上，喷嘴沉在金属保护套内部，以防止在破煤时损坏

喷嘴。

4. 液压系统

整个系统由变量主泵、散热先导液压泵、比例多路阀、驱动马达、液压缸、液压锁、液压比例控制阀、油箱和滤油器等部分组成。其工作原理是：负载传感柱塞泵的高压液进入比例阀组，然后比例阀按照比例分配给各执行机构。整个系统设置了溢流阀和液压锁，保证液压系统安全平稳运行

5. 电气控制系统

电气控制系统主要由爬底板采煤机用隔爆兼本安型电控箱、隔爆型电控箱、遥控发送器、矿用低浓度甲烷传感器、矿用隔爆型 LED 机车灯等组成。

四、 自行式急倾斜煤层采煤机生产工艺及落煤

工作面正常情况下采用自行式急倾斜煤层采煤机进行破煤，采煤机滚筒侧面向架尾，自下向上割煤，自上向下跑空刀。采煤机工作全程由导向链牵引，每循环截深 0.5 m。

（一）割煤

（1）采煤机的进刀方式：直接推入法进刀。

（2）采煤机割煤滚筒采用逆时针旋转方式割煤。

（3）采煤机前臂采取自上向下顺时针方向割煤。

（4）开动采煤机，启动采煤机的各附属设备（液压泵站、采煤机喷雾系统等），观察人员与采煤机司机分别位于采煤机上、下方，距采煤机不少于 2 m 处，采用无线操控的方式，控制采煤机上行割煤。操作人员不得站在有片帮、倒柱、弹链等危险处。

（5）具体操作步骤如下：

① 给采煤机及其附属设备供电，并用遥控器启动采煤机及其附属设备。

② 打开采煤机照明系统、喷雾系统。

③ 摇臂旋转至向上 75°。操纵采煤机前行或后退开关，由导向链控制采煤机行走，利用采煤机两侧的液压缸调整其行进方向，防止采煤机触碰煤壁、支架、单体支柱。

④ 滚筒按照逆时针方向自上向下割煤至导向链处。

⑤ 重复步骤③。

⑥ 控制采煤机向架头方向行进 0.5 m。

⑦ 如果采煤机割煤没有完成 4 m，则重复步骤③～⑥直至采煤机将 4 m 范围的煤体割完。

（二）落煤

由于该采煤机需直接沿底板行走，不能安装输送机，采煤机自煤壁向底板旋转割煤，煤壁割下的煤自然落至底板，堆积在底板。

第二节 工作面装煤、运煤方式

使用该自行式急倾斜煤层采煤机重点要解决的是破煤与落煤问题，装煤与运煤方式仍不变，在装煤过程同时需配合移架，以保证作业安全。由于采用机采割煤，取消了爆破落煤，

浮煤下底板将变得坚实，更利于装煤作业，因此在工序安排及现场环境方面略有变化。

一、工作面装煤

1. 采煤机、液压绞车停电闭锁

采煤机行进 4 m 后，由于受后方单体液压支柱的阻碍，需停止采煤机，采取牢固可靠的防滑措施后，停车闭锁。

2. 装煤作业

人工铺设采煤机割煤后留设的溜槽空白段，并且辅助装煤。装煤时，自下而上把溜子铺在一侧，扒煤工必须站在另一侧侧身扒煤。大块煤、矸必须砸碎后再下放，要边扒煤边放架，严禁放煤时堵严后路。溜子道和溜煤眼放煤时，严禁有人。溜子道部分地段不能自溜时，需人工扒煤，扒煤工上前方支设两根单体作护身柱。人员上下时，必须停止扒煤工作。

3. 支架、移架

将采煤机割煤后的空缺段支柱重新支设，移架调整，以保证支架与顶板结合形成安全的空间。

扒煤时调整支架的原则：扒煤必须以下放支架为目的，扒煤前必须确定支架的行走方向——向顶板方向移架，先扒下肢煤；向底板方向移架，先扒上肢煤。要听从跟班区长和班组长的指挥，坚决杜绝趴架、仰架、啃顶、啃底、窜矸现象的发生。扒煤走架时必须注意手脚不要靠近支架上、下肢，不要扶、拉钢丝绳，以免支架突然移动而造成事故。支架上肢要与煤壁卡严，防止窜矸，折线空顶段长度不得超过 0.4 m、宽度不大于 0.2 m，否则用单体支柱及时向前进行移架，或用单体支柱支设木料堵严缺口。下放支架时要时刻注意支架的行走情况，及时下放支架，杜绝支架悬空，以免造成事故的发生。支架有仰架现象时，在仰架段下部用单体支柱打一横撑，顶牢下肢，用注液枪施加一定的压力后，用手镐或打眼爆破方式破掉上肢煤（岩），使支架正常。支架有趴架现象时，在趴架段靠近煤壁用单体支柱打一立柱，顶牢上肢，用注液枪施加一定的压力，以防支柱下滑。任何情况下扒煤人员身体的任何部位严禁伸出掩护支架，在架内工作身体要始终保持前倾姿势。

二、工作面运煤

工作面及溜煤小眼采用煤炭自行溜下方式，中间巷采用 SGB 型刮板输送机运输，运输巷及主要运输大巷采用电瓶车牵引 1 t 矿车运煤。

第三节　工作面支护及顶板管理

一、机采工作面支护

(1) 施工顺序：在回风平巷内，自切眼口以内 5 m 处开始向外安架，经过切眼约 20 m 后停止安装，待初采时边采边安。

(2) 使用单体液压支柱在距离支架不大于 1 m 处，沿上壁（底板侧）支设一排铰接顶梁（长度 20 m）作为临时支护，支护初撑力不小于 11.5 MPa。铰接顶梁必须首尾相接。单体支柱间距为 1 m，并拴牢防倒绳，底板松软时必须穿鞋。超前支护随工作面推进自里向外安装，逐棵外移。溜煤小眼、行人小眼超前支护采用DW18-300/100型单体支柱支设铰接顶梁加强支护，单体支柱支设必须垂直于顶底板，采用一梁三柱支设形式。沿溜煤小眼、行人小眼两帮顶部成双排布置且首尾相连，支护长度不小于3 m，初撑力不小于6.5 MPa。

（3）安装的支架上肢必须紧贴巷壁，平行于巷道走向。要求支架上肢上仰15°，钢丝绳位置符合要求（上肢钢丝绳距上肢前端250 mm，架背钢丝绳安设在中间，下肢钢丝绳距下肢下端250 mm），U型丝紧固可靠，螺帽要拧紧。支架间距125 mm（中-中），呈紧密排列。上、中、下夹板依次呈“八”字形布置。架内单体支柱间距2.5 m±0.5 m，单体支柱必须安设牢固，初撑力不得小于1 MPa。防倒绳牢固拴在单体支柱上端及单体支柱斜上方的钢丝绳上。架尾部钢丝绳各挽回3.5 m，每根钢丝绳用两个卡子与支架卡紧。

（4）采煤机安装时全程由导向链牵引，下放至溜煤眼口。下放过程中所有支设的单体不得拆卸，确影响采煤机正常下放的，需先在距离单体20 cm处补打一棵单体支柱，并加压，然后方可拆卸。采煤机下放过程中下方5 m、上方2 m严禁站人。下放过程中要随时观察采煤机顶板及支架情况，如出现异常必须停机、停电闭锁，处理后方可继续下放。

二、 机采工作面顶板管理

（一）端头支护和平巷超前支护

（1）机采工作面上下两平巷顶板完好，必须保证符合相关规程规定的断面和高度，距工作面20 m范围内按规定加强支护，安全出口巷道高度不低于1.8 m，行人道宽度达到0.8 m以上。

（2）每班检查机采工作面上下端头的支护情况，支护强度必须符合《煤矿安全规程》的规定。

（二）顶板管理

（1）机采工作面初采必须制定专项安全技术措施，加强顶板管理。初采期间顶板悬顶面积超规定时，要采取强制放顶措施。

（2）工作面初采时，端头要加强支护，必要时支设木垛、密柱。使用的单体支柱必须完好，支设要迎山有力。

（3）初采阶段超前支护不少于20 m，其范围内不得有缺棚少柱现象，失效的支柱要及时更换。

（4）工作面发生窜矸、漏顶事故时，必须制定专项安全技术措施，严格按规定进行顶板维护，严禁人员在无支护的空间下违章作业。

（5）机采工作面必须按作业规程规定及时支护，严禁空顶作业，严格执行敲帮问顶制度。柔掩面煤层松软时，必须采取护顶、护帮措施。

（6）机采工作面处理窜矸、漏顶时，必须制定专项安全技术措施。工作面发生窜矸、漏顶事故时，必须先停止生产，待顶板维护好后，方可恢复生产。处理过程中带班区长为第一责任人、队长为第二责任人进行现场指挥，安监员现场监督，确保后路畅通。

（7）工作面遇地质构造、过老巷等特殊情况时，必须根据现场实际情况，制定针对性的安全技术措施。

（8）支架下放过程中随着工作面架头（工作面上部端头）不断延接，当架头后的煤体未随支架下沉而垮落时，易造成架后垫层不足，顶板垮落的大块矸石易冲坏支架，带来安全隐患，故架后垫层厚度不得低于 3 m，架后煤体未垮落的空区长度不得超过 5 m(即悬顶不得超过 5 m)。为防止接架时垮落的煤、矸滚落伤人，架头端部距垮落的煤、矸不得超过 1 m。

① 悬顶超过 5 m 时，采取人工强制放顶作业。人工强制放顶时，工作面停止一切其他作业。

② 采用爆破的方法强制放顶形成架后垫层，打眼时人员位于架头支护完整、牢固可靠的地点，向架后煤体用风煤钻打 3 个炮眼，炮眼深度不低于 5 m，向上呈 45°角，3 个炮眼呈扇形布置，夹角一般为 20°～30°，每孔装药 0.15 kg，正向装药，然后依次装入炮泥、水泡泥，最后用炮泥封满炮眼。

③ 爆破前检查好爆破地点与起爆地点的甲烷含量，超限时及时处理后方可爆破。在工作面下运巷、上运巷距爆破地点不低于 100 m 距离处起爆。

④ 爆破完成后，等待 15 min，等炮眼吹净后，由爆破工、班组长检查爆破后的支护、支架、煤体的稳定情况，发现安全隐患及时处理。

(9) 架头、架尾管理：

① 架头、架尾处浮煤杂物必须经常清理，确保出口断面符合要求。

② 架头与架尾处巷道内支架可靠，并管理好巷道帮顶，严防淌漏。

③ 架头平段长度不少于 3 m，且必须有长度不少于 1 m 的二次变坡段。

④ 关于架尾平段长度的规定：架尾下放至停采线时要保持 5 m 的平段，架尾平段超过 5 m长后及时回撤，但一次拆架长度不大于 1 m。

第四节　安全技术措施

一、 架头安架期间扩巷安全技术措施

由于工作面支架较大，如上平巷受矿山压力影响断面缩小，在进行安架作业时，需首先进行扩巷。

原则上应优先对上平巷进行卧底扩巷作业，若卧底也不能满足断面要求，可对巷道上帮进行扩巷。

扩巷之前，应采取有效的加强支护。超前支护的铰接顶梁端头距工作面已安装好的支架不得大于 0.3 m，若靠近工作面的单体支柱妨碍接架作业，可采用铰接顶梁前挂铰接顶梁的加固方式，但只准悬挂一次。

扩巷之前必须对超前支护内的单体支柱进行补液，支柱初撑力不小于 11.5 MPa。扩巷段顶部必须用木料、网片、锚网、工字钢棚梁(腿)封闭严实。

人员在顶板完好、支护可靠的地点作业，作业之前先进行敲帮问顶。

二、 防倒柱安全技术措施

① 工作面内和上、下端头及上、下平巷的单体液压支柱必须用防倒绳销子和防倒钢丝绳相连接固定牢靠，以防倒柱伤人。

② 安全监督员每班要对防倒钢丝绳的完好情况进行检查，对断丝超限的必须立即

更换。

③ 工作面损坏的单体液压支柱必须及时运出工作面，暂时不能够运出时，必须固定牢固，以防其倾倒伤人。

三、 防止坠落安全技术措施

① 放煤眼处必须有牢固可靠的脚手架方可进行放煤作业，人员必须站在避开眼口的安全地点进行作业。

② 对使用中的小眼上口靠巷道人行道一侧安设护栏，护栏高度不得小于 1.2 m，防止人员坠落。

③ 对暂不使用的小眼上口要进行封堵，防止人员坠落。但必须留有通风的间隙。

四、 回撤原巷道的支护安全技术措施

① 工作面第一次安架 4 m 后开始回收回风巷支护，以后每安架 1.5 m 必须及时回撤原巷道支护。

② 回撤原巷道支护时，方向由里向外进行。架设临时支护时，棚梁要相互错开 0.7 m，以便于回撤。

③ 回撤原巷道支护不得与安架同时进行。在回撤原巷道支护时严禁人员正对支柱或棚歪倒及片帮、冒顶波及的地点。回出的材料要及时运走，严禁放置在现场堵塞出口。

五、 工作面支架下放安全技术措施

① 工作面支架正常下放期间倾角应保持在 25°～30°。

② 初次与正常下放掩护支架时，支架在顶底板方向的仰角保持超过煤层法线 3°～5°。

③ 掩护支架工作面下拐点向上 10 m 范围内倾角应保持在 25°以内，为上方出煤起缓冲作用。

④ 掩护支架下放要及时用单体液压支柱打好单排点柱，间距 2 000 mm±500 mm，靠近顶板侧支设。

⑤ 操作人员的姿势，要始终保持前倾式，并能立即趴伏在最安全处，防止落架压人。

⑥ 支架下放时仰角一致，伪倾斜度数一致，不留台阶，分段下放时相邻两点角度不超过±5°。

⑦ 支架下放要严格掌握和控制支架下放轨迹线。

⑧ 人员头部、身体和四肢严禁在架爪下。

⑨ 架内所有支设后的支柱必须带压，防倒绳(链)拴设必须牢固可靠。

⑩ 工作面所有单体液压支柱支设后必须及时加压，坏支柱及时运出工作面，确保支柱支设牢固可靠。

⑪ 架内高度必须控制在不低于 1.6 m。

六、 支架调整安全技术措施

① 支架遇有局部悬空或下坠，必须及时进行调整或用单体液压支柱支撑管理。

② 调整支架应用长把工具或爆破处理，严禁人员直接站在悬空危险处用手镐、长钎或

铲子进行调整作业。

③ 移架时单体支柱必须正对所要移的支架，防止单体支柱打滑。

④ 施工人员必须站在安全地点进行作业。

⑤ 调整支架时不得进行其他作业。

七、 拆架安全技术措施

① 架尾处浮煤杂物必须经常清理，高度不小于 1.6 m，宽度不下于 0.7 m。

② 架头与架尾处巷道内支架正规可靠，架爪下的煤岩悬矸及时用手镐找掉，并管理好巷道帮顶，严防淌漏且保持后路畅通。

③ 架尾平段长度规定：架尾下放至停采线时要保持 5 m 的平段，架尾平段超过 5 m 长后及时回撤支架，但一次拆架长度不大于 1 m。在支架中间打一排单体支柱，支柱必须支设有力。

④ 架尾平段 5 m 内，架内原单体支柱距架尾最后一根支架梁距离不大于 1.0 m，更换支柱时必须在支架下打上不少于 2 根的临时点柱。拆架前必须打两根底撑，底撑距最后一根支架不超过 1 m。施工时不得提前拆除原架内的支柱。

⑤ 拆除支架使用回柱器、扳手、撬棍由里向外一根一根地拆除。严禁由外向里卸螺母拆支架。下部托梁卡子拆除数量不超过 3 排，上部及中部两道卡子拆除时要逐架拆除，一次只能回撤一架，卡子拆除后及时回收支架。

⑥ 人员不准进入无支架的空间。要用杂木或木板横放在塘口处，防止窜矸伤人。同时拆架施工人员不少于 2 人。拆架人员必须站在安全地点进行作业，并随时注意观察顶板情况。必要时作业点与出煤点之间拦设好牢固可靠的护身网。

⑦ 回出的支架及时运走，不得阻塞后路。

八、 架内出煤安全技术措施

① 出煤时，工作面下出口处的单体支柱必须齐全可靠，对应架尾要按规定打点柱并管理好架边。

② 溜子必须牢固可靠，第一节溜子必须生根牢固。

③ 出煤时禁止出大块煤和矸石，防止打掉溜子或者伤人。

④ 出煤时要保持溜槽畅通，并禁止乱扒两帮煤。

⑤ 支架下放时要调整顶板架爪，使支架仰角控制在垂直于顶底板略大于 3°～5°范围。严禁无计划出煤，无计划下放支架。工作时要随时敲帮、找掉伞檐，防止片帮伤人。

九、 架外放煤的安全技术措施

当架外煤层较厚时，可沿倾斜方向在架爪下肢每隔 5 m 设一个放煤点进行架外放煤作业。架外放煤采用由下至上一次单轮放煤。工作面割两循环架外放煤一循环，架外放煤下循环要与上循环放煤口错开 2.0 m。

十、 工作面防支架下沉钻底、防片帮措施

① 防止支架下沉钻底措施：在支架上肢下方 0.3 m 处施工锚杆，锚杆长度 1 m，间距

1 m±0.2 m，防止支架下沉。

② 防片帮措施：在防止支架下沉施工的锚杆下方再施工一排锚杆，排距 1 m±0.2 m，铺设塑料网，规格 2 m×2 m。采煤机割煤前将网固定在支架上，采煤机割过后擢煤前将网放下，防止煤层片帮伤人。

第五章　急倾斜煤层采准巷道布置及支护

伪倾斜柔性掩护支架煤法的实质质是：在采区内沿煤层倾向划分为若干个区段采煤带，工作面沿伪倾斜布置，沿走向推进，工作面上方安装有用来隔离工作面工作空间和采空区的柔性掩护支架，工人在支架掩护下的地沟中进行采煤，随着煤炭的采出，掩护支架在自重和垮落围岩压力的共同作用下向下和向前移动。

第一节　工作面几何参数

一、　工作面长度

工作面长度取决于工作面垂高的大小，而工作面垂高又与煤层地质条件、支架宽度、劳动组织、操作技术水平、管理水平等因素有关。当煤层赋存稳定、地质构造简单时，区段垂高可适当加大。增加工作面垂高，亦即增大伪倾柔性掩护支架工作面长度，具有巷道掘进工程量少、支架和机电设备拆装次数少等优点，但过长的工作面具有以下严重缺陷：① 由于柔性掩护支架是一个连续的整体，工作面某一点出了事故，往往会造成整个工作面不能出煤；② 支架易扭斜变形，使工作面采出率降低，并造成支架回撤困难；③ 炮眼数目增多，循环时间加长，不利于工作面正规作业；④ 推进速度较慢，不利于工作面煤层自燃的防治等。

工作面长度与煤层地质条件密切相关，其主要影响因素有煤层倾角和煤层厚度。

1. 煤层倾角

煤层倾角的大小直接影响到支架下放的难易程度、工作面垂高的划分等。基于全国伪倾斜柔性掩护支架采煤法的应用实践，可将煤层倾角分为38°～60°和60°～90°两大类。

(1) 倾角38°～60°的煤层

对于倾角38°～60°的煤层，伪倾斜柔性掩护支架工作面的垂高在20世纪50年代一般为15～25 m，长度为30～50 m；到20世纪60—70年代，垂高增加到30～35 m，长度增加到60～70 m；进入20世纪80年代，垂高增加到40～50 m，长度增加到80～100 m；20世纪90年代至今，最大垂高60 m，长度达到120 m。

(2) 倾角60°～90°的煤层

对于倾角60°～90°的煤层，淮南矿区大通矿和李一矿在1956年成功试验柔性掩护支架采煤法时，工作面垂高为15～20 m，长度为30～40 m；到20世纪70年代，掩护支架采煤法在孔集矿试用时，工作面垂高为15～25 m，长度为30～50 m；进入20世纪90年代以后，工作面垂高一般为25～40 m，长度为50～80 m；2000年以后，最大垂高60 m。目前伪倾斜柔性掩护支架工作面的伪倾斜长度有逐渐加大的趋势，历史上曾有工作面掩护支架从上水平直接下放至下水平的记录，由此产生的技术经济效果显著。

2. 煤层厚度

煤层厚度影响着工作面架宽的选择和采出率等，煤层厚度大的工作面若垂高过大，会降低工作面的采出率，为此，必须考虑煤层厚度对工作面长度的影响。

对于倾角 38°～60°的煤层，淮南矿区认为的最佳工作面长度为：在 20 世纪 80 年代，薄煤层为 60～80 m，厚煤层为 40～60 m；20 世纪 90 年代以后，薄煤层为 80～100 m，厚煤层为 60～90 m。

对于倾角 60°～90°的煤层，淮南矿区认为的最佳工作面长度为：在 20 世纪 80 年代，薄煤层为 40～60 m，厚煤层为 30～40 m；20 世纪 90 年代以后，薄煤层为 60～80 m，厚煤层为 50～70 mm。

3. 安全高效工作面长度

淮南矿区的开采实践表明：倾角为 38°～60°的薄煤层常用工作面长度为 80～110 m，高产高效工作面长度 90 m；厚煤层常用长度为 60～80 m，高产高效工作面长度为 70 m。倾角为 60°～90°的薄煤层常用工作面长度为 70～90 m，高产高效工作面长度为 80 m；厚煤层常用工作面长度为 50～70 m，高产高效工作面长度为 60 m。

二、 工作面走向长度

伪倾斜柔性掩护支架采煤法的采区可根据具体地质条件采用单翼或双翼布置，一般采用双翼开采，工作面沿走向后退式开采。影响工作面走向长度的因素较多，考虑到掘进过程中独头巷道过长不利于通风和瓦斯管理，较为理想的走向长度为 500～600 m。但从掩护支架采煤法的开采特点看，开切眼和收作是影响工作面单产与回采工效的关键环节，而加大工作面走向长度是减少搬家次数、减少生产辅助环节的主要途径。

随着的伪倾斜柔性掩护支架采煤法在淮南矿区的应用、发展与成熟，工作面走向长度渐渐增大。

(1) 对于倾角 38°～60°的煤层，淮南矿区伪倾斜柔性掩护支架工作面的走向长度在 20 世纪 50 年代为 200～300 m，到 20 世纪 60—70 年代增加到 300～400 m，进入 20 世纪 80 年代以后增加到 400～500 m，20 世纪 90 年代至今最长达到了 960 m。

(2) 对于 60°～90°的煤层，淮南矿区伪倾斜柔性掩护支架工作面的走向长度在 20 世纪 70 年代为 100～300 m，进入 20 世纪 90 年代以后增加到 300～600 m。2007 年孔集矿回采的 13111 和 13113 工作面走向长度最长达到 1 430 m。

淮南矿区伪倾斜柔性掩护支架采煤法的应用与实践表明，随着开采技术的发展与完着，通过对一些基础性工作的强化管理和预防控制，进一步优化开采技术参数，加大工作面走向长度是完全可行的。

第二节 巷道布置优化

回采巷道的布置要与回采工艺相适应。回采工艺作为采煤方法的核心，其改进必然导致巷道布置的改革，而回采巷道的合理布置，又将为充分发挥回采效能创造有利条件。

一、 采区下山及工作面布置

采区下山是采区内采掘工作的集中通道，担负着通风及运输煤炭、矸石、材料、设备等重要任务。

1. 采区下山布置形式

在伪倾斜柔性掩护支架采煤法的应用发展过程中，随着采区生产能力的增大，株柏煤矿采区下山由正穿煤层布置形式过渡为伪倾斜轨道下山联合布置形式，两翼开采，减少了压煤量，且施工安全，巷道后期维护量少。

2. 工作面煤层上山布置形式

在运输平巷上方沿煤层真倾角方向开掘一组立眼，如图 5-1 所示，图中两个开切眼主要担负运料、溜煤和行人任务。由于工作面上山沿煤层掘进和维护困难，因此采区走向和倾向长度不宜过大，株柏煤矿由于受断层影响采区走向和倾向长度不大，一般为 800～1 000 m，正符合要求。采用两翼开采后，工作面走向长度一般为 400～500 m。

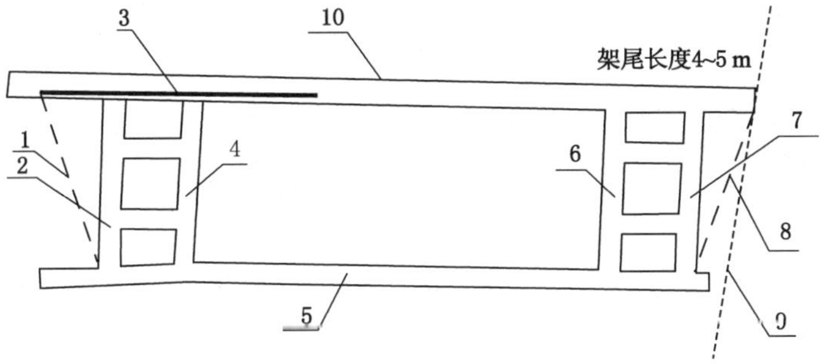

1—支架下放线；2—1 号开切眼；3—金属支架；4—2 号开切眼；5—运输顺槽；6—3 号收作眼；7—4 号收作眼；8—支架下放移；9—采区边界线；10—回风顺槽。

图 5-1　运输平巷上方沿煤层真倾斜方向在煤层中布置开切眼和收作眼示意图

二、　工作面开切眼和收作眼的布置方式

为解决支架初次下放和结束下放时的出煤、通风和上下人员问题，必须布置开切眼和收作眼。随着采煤方法的发展和支护方式的改进，株柏煤矿伪倾斜柔性掩护支架工作面开切眼和收作眼以沿煤层真倾斜方向的布置为主要，辅助沿煤层伪斜方向布置，如图 5-1 所示。

1. 沿煤层真倾斜方向在煤层中布置开切和收作眼

如图 5-1 所示，沿运输平巷由里向外布置 1 号、2 号切眼。在运输平巷留设 3～5 m 小煤柱作为下一区段回风平巷。采用此种布置方式时，要求架尾装过 1 号开切眼 3～5 m，架头过 1 号收作眼 2～3 m，当区段较大时，在支架下放过程中，会将 1 号开切眼撤到架尾外面，因此必须在 2 号开切眼以外再开 3 号切眼。

考虑到支架初次下放时方便人员上下、结束下放时缩短通风距离，应在开切眼（或收作眼）间沿倾斜每 8 m 左右开掘联络巷，联络巷一般支设梯形铁棚支护。断面以支架能顺利通过为易，支架上宽 1.6 m，下底宽 2.4 m，高度 1.6 m，梁长 1.85 m，腿长 1.8 m。

开切眼和收作眼用此种布置方式的优点是施工时技术管理简单；缺点是开切眼（或收作眼）掘进工程量大且维护困难，特别是当区段垂高大时，还可能要加掘开切眼，且支架的安装，初次下放阶段和结束下放阶段管理复杂，不利于提高工作面的掘进速度和生产能力。

2. 沿伪倾斜方向在煤层中布置开切眼和收作眼

如图 5-2 所示，按伪倾角倾角 30°在煤层中掘进开切眼（或收作眼），将工作面开切眼（或

收作眼)布置成伪倾上山的形式。这种布置方式的上山断面积比小眼断面积大,改善了开切眼(或收作眼)的掘进和维护条件,柔性掩护支架可以直接在开切眼内安装,减少了安装和调整支架的工程,加快了工作面的推进速度。其不足之处在于,开切眼上方的三角煤不能被全部回收。

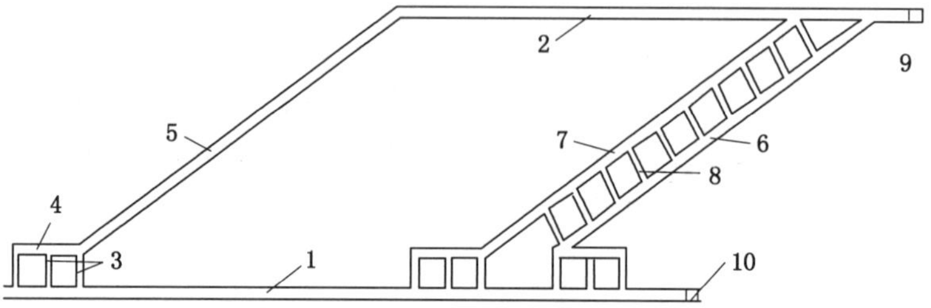

1—区段运输平巷;2—区段回风平巷;3—溜煤小眼;4—联络平巷;5—倾斜开切眼;
6,7—伪倾斜收作眼;8—联络巷;9—区段回风石门;10—区段运输石门。

图 5-2　开切眼、收作眼布置方式

在煤层压力大、瓦斯含量高的深部开采或松软易冒落煤层开采的条件下应用柔性掩护支架采煤法时,开切眼和收作眼沿煤层真倾斜方向掘进和维护困难,难以满足安全要求,为此,可采用第二种布置方式,即将开切眼和收作眼布置成30°左右的伪倾上山形式。

株柏煤矿进入−650 m水平开采时,布置的真倾斜开切眼和收作眼的工过程为:① 在应力完全释放区或基本释放区域内布置溜煤小眼,其长度不过 8 m。② 溜煤小眼施工到位后开掘联络平巷,联络平巷的长度以能保证有 3 个溜煤小眼眼位为准。③ 掘进伪倾斜开切眼,贯通工作面上风巷后,即可开始摆架。支架自联络平巷内第 1 个眼开始,沿伪倾斜上山向上摆设,当摆至工作面上拐点外 8 m 后即开始下放。④ 工作面采至收作线前,适时掘进伪倾斜收作眼。工作面采至距已掘出的伪倾斜收作眼 5 m 时停采,准备拆架。拆架需自伪倾斜收作眼内由上向下每隔 5 m 施工 1 条与伪倾斜工作面连通的联络巷,两条联络巷连通工作面后,开始由上向下拆架收作。

三、 巷道位置

根据掩护支架安装时需尽量紧靠煤层顶板,而在下放过程中有向底板移动趋势的特点,为保证回采工作顺利进行,经过多年的开采实践,株柏煤矿在巷道布置的位置选择上有如下认识:

(1) 区段运输平巷要求沿煤层底板,这有利于支架的回收。采区下山也沿煤层底板或偏底板掘进。

(2) 开切眼和收作眼采用沿真倾斜方向的布置方式时,应布置在煤层顶板位置,不能贴底板掘进,否则会在掩护支架安装或下放过程中将小眼撇到支架外面。

(3) 区段回风平巷沿煤层顶板布置。沿顶板布置有利于掌握煤层走向变化,安装支架时扩巷的工作量少,并为安装掩护支架时掌握方向创造条件。在煤层不厚时,可沿顶板掘进以利扩巷。

(4) 在回采中需要通过的平巷或斜巷,一般布置在煤层中间偏顶板的位置,且断面不宜过大，以便于掩护支架能顺利通过为准。

第三节　柔性掩护支架结构设计

急倾斜煤层采煤工作面柔性掩护支架采煤法中使用的柔性掩护支架均为金属材料制作的多边形支架，并且用辅助固定装置与钢丝绳相连接，使架与架之间有一定的可错动的空间，从而形成柔性支护的特性，因此支架的类型、材料、形状均对后期工作面的支护效果起到重要作用。故柔性掩护支架的结构设计是一个系统性、复杂性、实验性的工程，本节重点介绍柔性掩护支架的材料选择，支架的类型及特点，特别是固定式支架的形状设计等内容。

一、　柔性掩护支架材料的选择

1. 概述

由于柔性掩护支架工作面的支架起到隔离采空区，为工人施工、工作面作业条件(通风、运输)提供空间等作用，柔性掩护支架的材料应选择强度较高的金属材料，一般的木质、塑料、有机材料不符合要求。金属材料中又以矿工钢、轨道等为主，全国柔性掩护支架采煤工作面的支架大部分采用 11# 矿工钢制作，少部分矿井采用 9# 矿工钢、废旧钢轨制作，见表 5-1。

表 5-1　国内部分柔性掩护支架工作面支架参数一览表

序号	单位	支架材料	形状	支架开口宽度	架与架间距	辅助支护		备注
						架间	架后	
1	贵州陈家沟矿	11# 矿工钢	“八”字形	2.00 m	—	—	金属网	
2	湖南湘潭公司一矿	11# 矿工钢	“八”字形	1.10 m	150 mm	300 mm×150 mm×50 mm 的撑木	竹折子、桎木条做的假顶	
3	江西煤炭公司小牛煤业	11# 矿工钢	四边形	2.00 m	120 mm	厚 50 mm、宽 150 mm 木板	无	
4	长沟峪煤矿	11# 矿工钢	“八”字形	2.00 m	—	—	—	
5	四川李子垭南煤矿	11# 矿工钢	多边形	1.00～2.00 m	—	400 mm×110 mm×50 mm 卡芯料	—	液压可伸缩式
6	江西棠浦煤矿	9# 矿工钢	“八”字形	2.00 m	—	—	—	
7	山东福兴煤矿	11# 矿工钢	“八”字形	2.60 m	—	—	金属网加 20 mm 厚黄泥	
8	四川金谷 1 井	9# 矿工钢	四边形	1.0 m、1.3 m、1.6 m	170 mm	150 mm×50 mm 撑木板	—	
9	山东弘泰福源矿	11# 矿工钢	四边形	2.0 m	125 mm	—	—	
10	湖南桃水煤矿泉塘冲井	9# 矿工钢	四边形	1.63 m	149 mm	厚 43 mm、宽 150 mm 方木	—	
11	云南兴桥煤矿	旧 9#～12# 钢轨	“八”字形	1.30 m	—	—	—	
12	山东株柏煤矿	11# 矿工钢	“八”字形、四边形、五边形	1.6 m、2.3 m、2.8 m	125 mm	无	无	

注:“—”表示数据不明确。

2. 柔掩支架材料的选择

工作面埋藏较浅、矿山压力显现不明显、煤层厚度较薄（1.0～1.3 m）时可使用 9# 矿工钢、废旧钢轨制作的柔掩支架；当工作面压力较大且埋藏较深或者煤层厚度较大（>1.6 m）时，使用 11# 矿工钢制作的柔性掩护支架。由于 11# 矿工钢存在耐磨性好、抗锈蚀、可加工性较好等优点，优先使用 11# 矿工钢作为制作支架的材料。11# 矿工钢主要参数见表 5-2。

表 5-2　11# 矿工钢参数一览表

规格尺寸		力学性能		化学成分	
高度 h	(110±2.0) mm	屈服点 σ_s	≥355 MPa	牌号	20MnK
腿宽 b	(90±2.0) mm	抗拉强度 σ_b	≥510 MPa	C	0.21～0.26
腰宽 d	(9.0±0.6) mm	伸长率 δ	≥18%	Si	0.20～0.60
截面积 S	33.2 cm^2	惯性积 I_x	623.7 cm^4	Mn	1.20～1.60
密度 ρ	7.85 g/cm^3	抗弯截面系数 W_x	113.4 cm^3	P	≤0.045
单位质量	26.05 kg/m	惯性积 I_y	127.7 cm^4	S	≤0.050
		抗弯截面系数 W_y	127.7 cm^3		

二、 柔掩支架的类型及特点

柔掩支架根据使用的特点可分为架宽可变式柔性掩护支架、架宽固定式柔性掩护支架。其中架宽可变式柔性掩护支架根据其实现可变的形式又分为可伸缩柔性掩护支架和自移式机械化柔性掩护支架。架宽固定式柔性掩护支架根据支架弯折样式又分为平板式和多边形式（“7”字形、“八”字形、四边形、五边形）。

（一）架宽可变式柔性掩护支架

1. 可伸缩柔性掩护支架

（1）简要概述及构造

2010 年 9 月 27 日李子垭南煤矿在 5127 工作面首次液压可伸缩柔性掩护支架进行工业性试验。共安装过渡架 8 架（两组）和可伸缩支架 144 架，支架分为 A、B 型两种，千斤顶间隔安装在 B 架上。每 6 架为一组，共计 24 组，总长 20 m。液压可伸缩柔性掩护支架靠千斤顶伸缩支架，配合单体液压支柱控架。试采期间，架宽从 2.0 m（工作面上段煤层厚度）变化至采面中部 1.0 m，实现了预期目标。支架最大宽度和最小宽度见图 5-3 和图 5-4。

（2）可伸缩柔性掩护支架的优点

可伸缩柔性掩护支架适用于煤层厚度变化大且赋存不规律的煤层，避免了留设底煤或者刮底、刮顶推进，大幅度提高了工作面煤炭产量和质量。另外还增加了工作面的作业空间，为职工安全作业和回风顺畅、减少瓦斯威胁提供了有利条件。降低了煤炭资源丢失，提高了采出率，使国家矿产资源得到合理开发。

（3）可伸缩柔性掩护支架的缺点

可伸缩柔性掩护支架不适用于煤层赋存稳定的煤层；支架结构复杂，液压系统易受爆破影响，人员在支架内部操作困难，支架出现断架、断绳、窜矸事故维护困难。另外支架架宽由小变大过程中，千斤顶不能一次升顶到位。

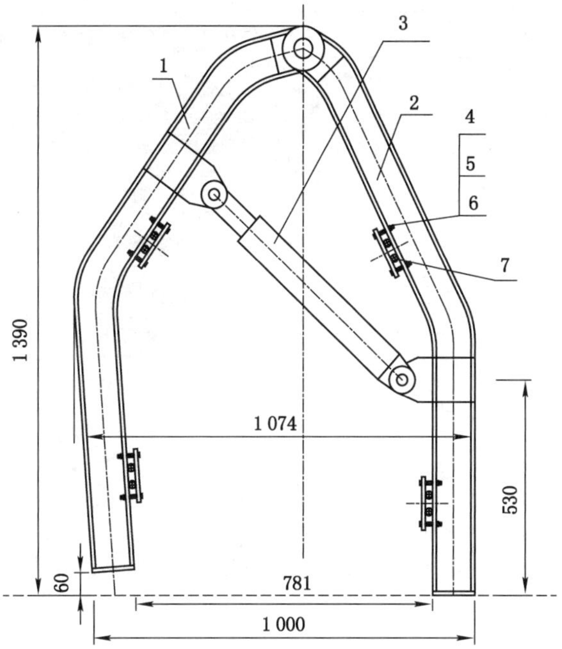

1—支腿 A;2—支腿 B;3—千斤顶;4—螺栓;5—螺母;6—连板;7—钢丝绳。

图 5-3　李子垭南煤矿可伸缩柔性掩护支架架宽最小状态图

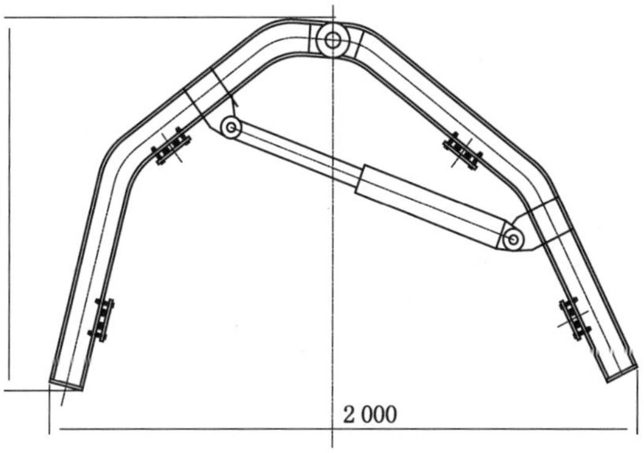

图 5-4　李子垭南煤矿可伸缩柔性掩护支架架宽最大状态图

2. 自移式机械化柔性掩护支架

(1) 设计思路

自移式机械化柔性掩护支架工作面主要由主导架、基本架、移步横梁以及上下端头的导向装置等部分组成(图 5-5)。主导架和移步横梁配合作用,引导支架沿着工作面上下端头的导向装置,即平行于工作面走向方向推进。基本架依靠主导架的拖动向前移动。

(2) 支架调宽机构设计

工作面的基本架为可调宽型柔性掩护支架(图 5-6),该支架由支架顶梁、上下肢梁以及两个调宽千斤顶组成。顶梁与上下肢梁间铰接在一起,液压千斤顶两端分别铰接在顶梁与肢梁上,通过千斤顶,来调节顶梁与肢梁间的夹角,从而使支架支护宽度有一个调整范围。

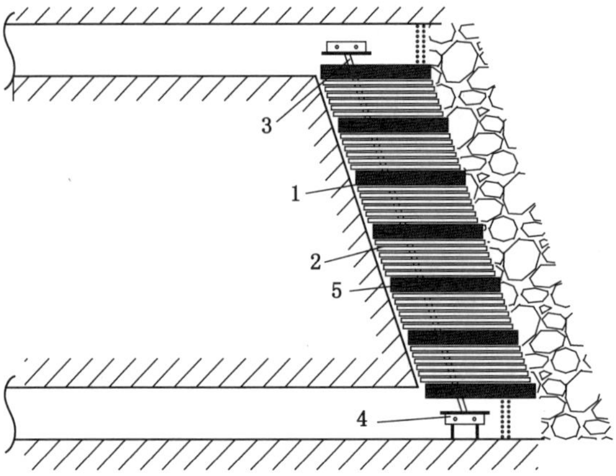

1—主导架;2—基本架;3—移步横梁;4—导向装置;5—拉移千斤顶。

图 5-5　自移式机械化柔性掩护支架工作面布置

液压千斤顶可选用内注液式,通过人工操作手柄即可调节千斤顶的伸缩。

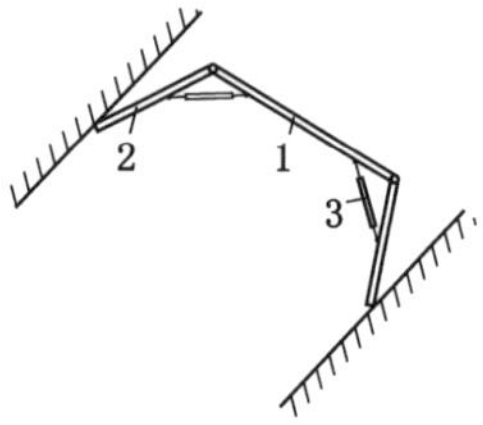

1—顶梁;2—肢体;3—千斤顶。

图 5-6　液压可调宽式柔性掩护支架

(3) 支架自移机构设计

主导架布置在工作面的第一架和最末一架,在工作面中部每隔 2～3 m 布置一架主导架(图 5-7)。主导架主要由立柱、顶梁、滑动梁、拉移千斤顶、移步横梁以及后挡矸板组成。支架前移时,抬起柱腿,拉移千斤顶伸出,支架即可在移步横梁上滑动前移。横梁前移时,立柱升起支撑顶板,拉移千斤顶一起收缩,横梁即可前移。后挡矸板可通过调宽千斤顶进行调节。支架的所有动作可通过液压系统进行集中控制。

(4) 支架移动方向控制机构设计

控制支架沿平行于工作面走向方向移动,主要是通过严格控制移步横梁沿工作面走向推进,再通过移步横梁拉移主导架,主导架与移步横梁通过液压千斤顶相连。工作面支架由 3～5 根钢丝绳连接起来,形成柔性整体,由主导架拖动基本架前移。

(5) 自移式机械化柔性掩护支架的优缺点

优点:自移式机械化柔性掩护支架支撑宽度在一定范围内可调,增强了柔性掩护支架对煤层厚度变化的适应性。支架平行于工作面走向自移,取消了柔性掩护支架上下端头安装、拆除支架的工序以及繁重的辅助运输工作量。

缺点:自移式机械化柔性掩护支架目前仅在实验室设计阶段,真正应用于现场实践的工作面还没有,没有进行工业性试验,另外支架的强度和现场移架期间空区矸石的阻力未进行

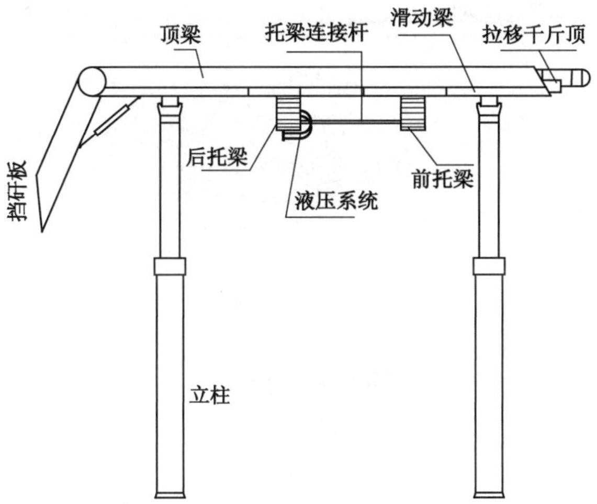

图 5-7　主导架结构

试验，系统比固定式柔性掩护支架复杂，维护成本高，支架类型多，管理难度大。

（二）架宽固定式柔性掩护支架

1. 平板式

平板式主要应用于煤层倾角 80°～90°的工作面，一般无单体支柱作为辅助支护，在工作面下挖掘地沟，人员在地沟内施工，随工作面施工架后矸石的压力不断下沉，达到割面效果，如图 5-8 所示。

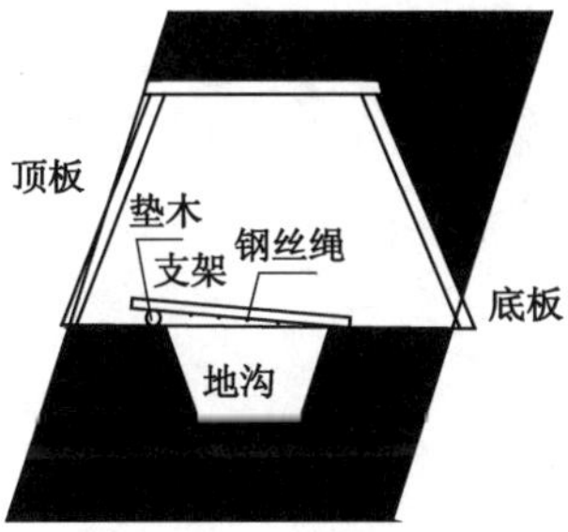

图 5-8　平板式支架使用示意图

2. "7"字形柔性掩护支架

在厚度小于 1.3 m 的煤层中使用伪倾斜柔性掩护支架采煤法中可使用"7"字形柔性掩护支架，四川省中梁山煤矿试验了"7"字形钢木混合结构的柔性掩护支架，用于开采厚度为 0.7～1.3 m 的急倾斜煤层。

"7"字形掩护支架的结构，是由木梁排成的平板式结构和木梁下工作空间内每隔 0.7 m（5 根木梁）安装一根"7"字形的钢梁，木梁之间以及木梁与"7"字形的钢梁之间，用 U 型螺栓将其与钢丝绳连接成一个柔性的整体，并在其上铺设两层笆网片，"7"字形的钢梁起支撑及导向作用，如图 5-9 所示。工作面可用爆破或风镐落煤，在伪倾斜工作面中沿底板一侧的煤必须采净，使“7”字形的钢梁的腿紧贴底板向下滑行，防止钢脚离开底板发生“翘脚”。

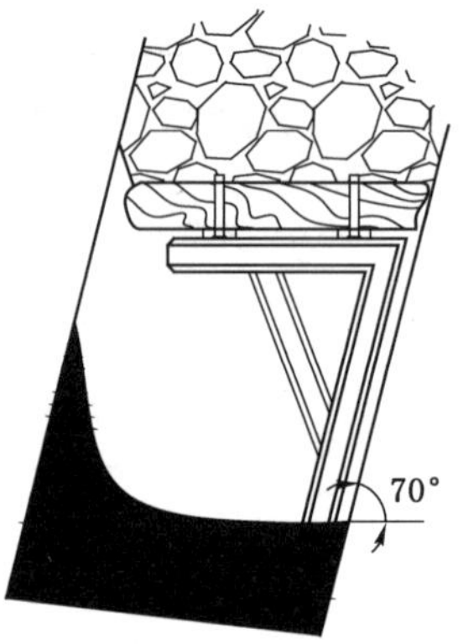

图 5-9　“7”字形掩护支架示意图

3. “八”字形柔性掩护支架

“八”字形柔性掩护支架适用于煤层倾角在 60°～80°的急倾斜工作面。临沂株柏、枣庄福兴、贵州陈家沟等煤矿采煤工作面采取“八”字形支架。

株柏煤矿二层煤工作面支架采用 11# 矿工钢加工而成的“八”字形 1.6 m 长的矿用支架。支架分为架背、架爪上肢和架爪下肢三部分，架爪上肢长 500 mm，架背长 850 mm，架爪下肢长 450 mm，架爪上肢与架背夹角为 140°，架爪下肢与架背夹角 135°，如图 5-10(a)所示。

枣庄福兴煤矿 2710 工作面支架采用 11# 矿工钢加工而成的“八”字形 2.6 m 长的矿用支架。支架分为架背、架爪上肢和架爪下肢三部分，架爪上肢长 640 mm，架背长 1 400 mm，架爪下肢长 780 mm，架爪上肢与架背夹角为 140°，架爪下肢与架背夹角 150°，如图 5-10(b)所示。

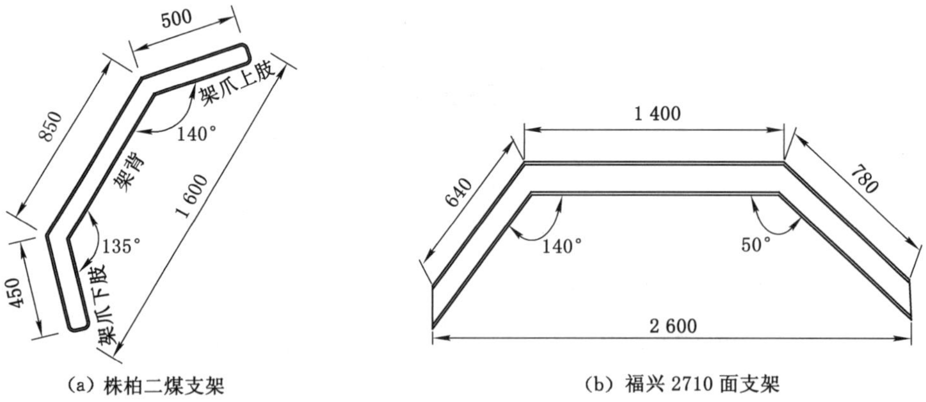

图 5-10　“八”字形掩护支架示意图

4. 多边形柔性掩护支架

多边形柔性掩护支架主要适用于煤层倾角 45°～65°的急倾斜工作面，相比较“八”字形支架，多边形柔性掩护支架工作面一般在工作面一侧布置一路单体支柱用于控制支架的下沉，形成的工作面空间较大，但加工难度也较大。

株柏煤矿三层煤工作面支架采用 11# 矿工钢加工而成的“八”字形架口宽度 2.8 m 的矿用支架，支架分为架背、架爪上肢和架爪下肢三部分，上下肢各带一个小弯，架爪上肢长 700 mm＋700 mm，架背长 1 300 mm，架爪下肢长 500 mm＋300 mm，上部两个弯的角度为 150°，架爪下肢与架背夹角 145°，下肢拐弯角度 150°，如图 5-11(a)所示。图 5-11(b)所示为四边形支架。

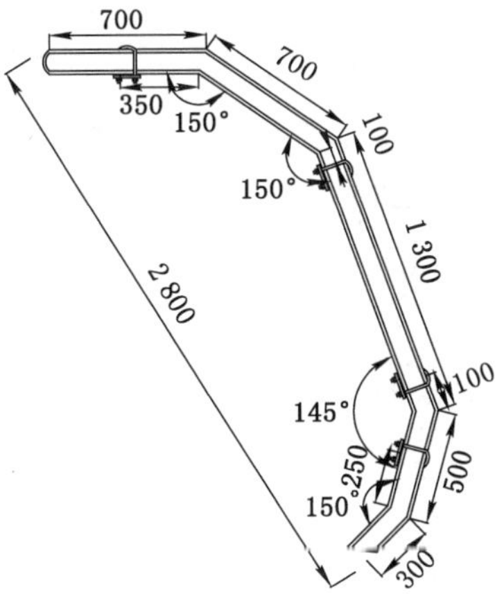

(a) 株柏五边形支架

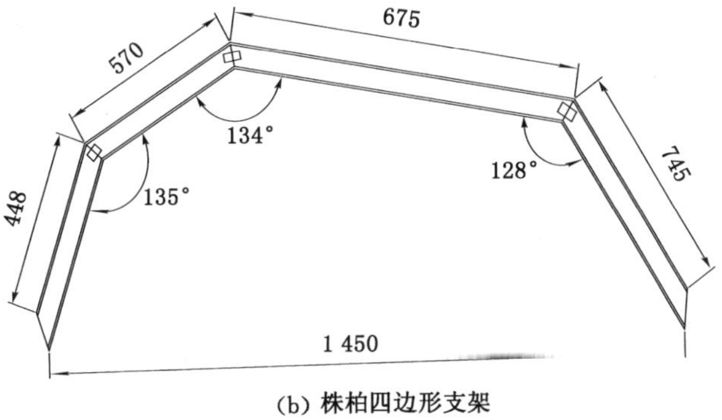

(b) 株柏四边形支架

图 5-11　多边形掩护支架示意图

三、　柔性掩护支架连接方式的选择

(一) 支架与钢丝绳之间的连接

由 11# 矿工钢制作的掩护支架为刚性支架，只有通过柔软的钢丝绳相连接才能实现柔性下放使用的目的。支架与钢丝绳的连接方式一般分为钻孔螺栓式、U 型卡连接式。

1. 钻孔螺栓式

在掩护支架的工作面内侧，11# 矿工钢两缘需要安设钢丝绳的位置按照特定规格钻设四个或两个透孔，通过夹板、螺栓、螺帽，必要时加设垫圈将钢丝绳连接在一起。江西小牛、四川华蓥山、湖南桃水、四川金谷、湖南湘潭一矿等煤矿采用钻孔螺栓式连接方式，如图5-12

所示。

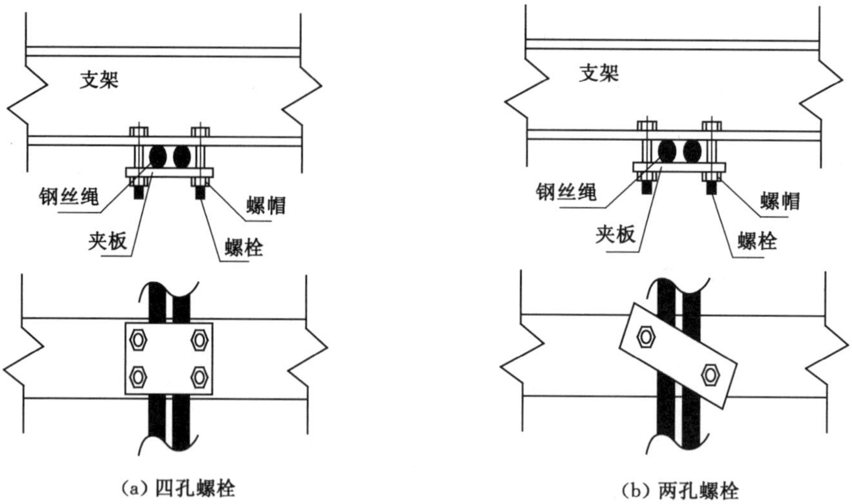

图 5-12　钻孔螺栓式支架连接示意图

采用钻孔螺栓式连接时需要对支架进行打孔，既增加了支架的制作难度，也减弱了支架的强度，不易于操作。

2. U 型卡连接式

它是不用在掩护支架上钻孔，直接用 U 型卡将 11# 矿工钢全断面拦扣在一起，然后通过夹板、螺栓将钢丝绳连在一起，如图 5-13 所示。山东株柏、山东福兴、黑龙江七台河新铁、江西堂浦、贵州水城矿区等煤矿采用 U 型卡连接。

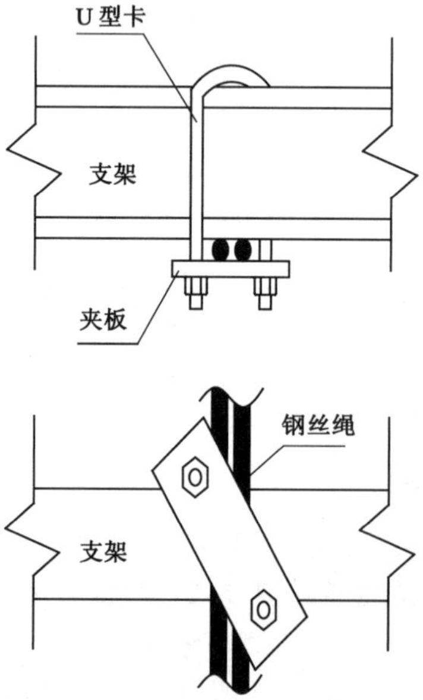

图 5-13　U 型卡连接示意图

采用U型卡连接式减少了支架钻孔的程序，钢丝绳与支架固定的位置存在一定的误差，工作面拆架时增加了操作的难度。

（二）支架与支架之间的连接

柔性掩护支架工作面采用11#矿工钢制作的掩护支架通过钢丝绳连接在一起，由于支架之间存在缝隙，若缝隙较小能够阻挡采空区内的矸石进入工作面，一般不采取填充措施；若缝隙较大，需要采取填充措施。是否需要在两根支架之间填充其他支护材料以阻挡采空区的矸石进入工作面，由两根支架之间的距离决定，两根之间的净间距由支架的密度决定。

设支架密度ρ，单位为架/m，支架的制作材料为11#矿工钢。则支架之间的净间距为

$$s=\frac{1}{\rho}-0.09$$

根据柔掩工作面的实际使用情况来看，当两根支架的净间距小于0.05 m时，可不在支架之间架设填充物。

1. 密排支架无填充方式

山东的株柏煤矿、福兴煤矿、宏泰福源煤矿均采用支架密排的方式，不在支架之间设置填充物。

2. 非密排支架填充方式

支架之间的缝隙较大，需要用其他支护材料填充。其中湖南桃水矿每米6～7架，中间用方木加塞，方木规格为厚43 mm，宽150 mm。湖南湘潭一矿支架间距150 mm，相邻支架之间用撑木撑住，撑木规格为300 mm×150 mm×50 mm。江西小牛煤矿支架净间距为20 mm，架与架之间用厚50 mm，宽150 mm的夹芯板卡在工字钢里面。

（三）支架与采空区之间隔离方式

根据支架与采空区之间是否采取隔离措施，支架后垫层分为有人工垫层和无人工垫层两种形式。

一般有人工垫层的工作面，支架之间采用非密排支架填充方式进行支护，以支架作为骨架，填充物作为连接物，架后的人工垫层起到隔绝采空区的作用。

江西小牛煤矿工作面支架在架后按要求铺设一层竹笆，竹笆与掩护支架钢梁间铺设防水雨布。竹笆与防水雨布必须盖严整个架子。每1.8 m柔性掩护支架上面铺设4块竹笆，竹笆的规格为长2.0 m×宽0.5 m。

湖南湘潭一矿、湖南桃水煤矿在架后采用竖横竹折子铺密作假顶，用桎木条斜压，用铁丝扎紧压紧在支架上

（四）柔性掩护支架上下两端的封堵措施

由于掩护支架的上下两端与顶板、底板或煤体直接接触，为便于支架的走架，一般将支架的上下两端用弧形的钢板或平的钢板封堵。

（五）柔性掩护支架各肢连接处（即拐弯处）的加工处理

由于柔性掩护支架是由11#矿工钢通过加工，将直的矿工钢加工成弯成若干段的结构，支架拐弯处的加工及其强度非常重要，是支架强度的薄弱环节。现在比较流行的做法，主要分为两种，一种利用压力机直接将11#矿工钢按照特定的要求压弯，形成弯折的形状；另一种用气割将矿工钢加工成小段，然后用电焊焊接在一起。

1. 弯折法

弯折的方法能够保证矿工钢的连续性，但是加工精度不能保证，容易出现误差。加工的过程中，受加工的材料为矿工钢，符合材料力学中的低碳钢的拉伸时的力学性能特性曲线规律，如图 5-14 所示。

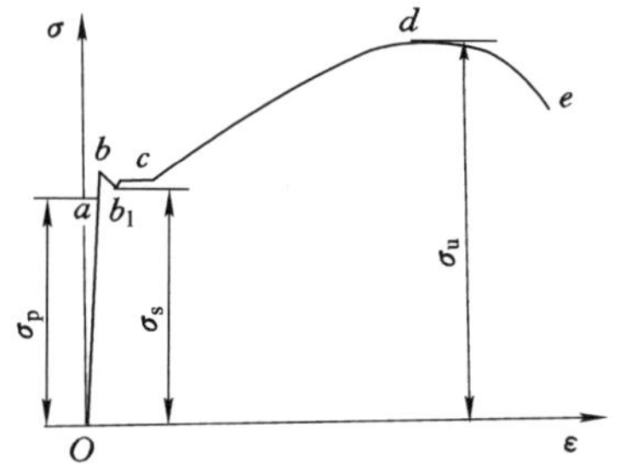

图 5-14 低碳钢拉伸时的力学特性曲线

(1) 低碳钢拉伸时的力学特性分析

① 在拉伸的初始阶段，σ 与 ε 的关系为直线 Oa，表示在这一阶段内，应力 σ 与应变 ε 成正比，即 $\sigma \propto \varepsilon$，或者把它写成等式 $\sigma = E\varepsilon$，这就是拉伸或压缩的胡克定律。式中 E 为与材料有关的比例常数，称为弹性模量。图 5-15 中 σ_p 称为比例极限。这时材料是线弹性的。

② 超过比例极限后，从 a 点到 b 点，σ 与 ε 的关系不再是直线，但是卸除应力后，变形仍可完全消失，这种变形称之为弹性变形。b 点所对应的 σ_E 为材料的弹性变形的极限值，称之为弹性极限。

③ 当应力超过 b 点后增加至某一值时，应变有非常明显的增大，而应力先下降，然后做微小的波动，在 $\sigma\varepsilon$ 曲线上出现接近水平线的小锯齿形折线。这种应力基本保持不变而应变显著增加的现象称之为屈服或流动，所对应的应力为屈服极限 σ_s。

④ 过屈服阶段后，材料又恢复了抵抗变形的能力，要使它继续变形必须增大拉力，这种现象称之为材料的强化。图 6-14 中的 σ_u 为材料的强度极限。

(2) $11^{\#}$ 矿工钢折弯时所对应的阶段

在矿工钢进行弯折时，不能对其无限度地弯折，根据现场试验，弯折角度大于 50°时易出现弯曲弧背处断裂现象，在 30°～45°时一般为材料的塑性流动或强化阶段。

2. 焊接法

它是将各段的材料利用电焊或其他焊接技法焊接在一起，形成一整根支架的方法。焊接法易将材料原有淬火后的强度人为地降低，在使用的过程中出现弯曲变形的问题，另外对电焊材料的消耗也比较大。

3. 补强法

无论是弯折法还是焊接法，在加工、使用的过程中均有可能出现弯曲段断裂、开焊等现象，需要采取加强措施。一般采取两侧焊接加固帮带铁、弯曲内侧焊接保护片等手段实施。

四、 架宽固定式柔性掩护支架结构的设计

架宽可变式掩护支架的结构中运用到液压缸等液压系统，不在本章节的设计范围内。架宽固定式掩护支架有平板式、“7”字形式、“八”字形式和多边形式，其中多边形为应用范围

最广、最复杂的一种种类，故以多边形掩护支架设计为例。

（一）设计过程需用到的技术参数

（1）架宽。架宽确定的原则是根据已知煤层的厚度、地质构造、赋存情况进行设计，使支架能够按照设计要求既不出现啃顶、刮底或者少啃顶、少刮底，又要减少丢煤。

掩护支架宽度主要根据实测的实际煤层厚度资料确定，一般以比煤层厚度小 0.2～1.2 m为宜。在选择掩护支架宽度时通常需要考虑煤层厚度、倾角、厚度等因素，选择支架的宽度越大、煤层的倾角越小，要求煤层厚度与支架的宽度的差值越大。原因是：掩护支架的宽度越大，要求支架的活动余地越大，因而要求支架宽度与煤层厚度差值越大；煤层倾角越小，支架卡住底板的概率越大，因而也要求支架的活动余地越大。

支架宽度计算公式为：

$$B=(1-K_1)\cdot K_2\cdot K_3\cdot M \tag{5-1}$$

其中，$K_1=\frac{S}{M}\times 100\%$。

$$S=\sqrt{\frac{\sum_{i=1}^{n}(M_i-M)^2}{n-1}}$$

式中　B——支架宽度，m。

K_1——煤厚变异系数。

M_i——第 i 个见煤点的实测见煤厚度，m。

n——参与评价的见煤点的个数。

M——煤层的平均厚度，m。

S——均方差值，m。

K_2——煤层厚度系数，当 $M<3$ m 时取 0.9，$M\geqslant 3$ m 时取 0.80～0.9。

K_3——煤层倾角系数，当煤层倾角 $\theta<70°$时取 0.9，当 $\theta\geqslant 70°$时取 1.0。

选定合理的支架宽度，对于掩护支架的顺利下放、防止支架啃顶或刮底、提高采出率具有明显的现实意义。

（2）煤层倾角 θ。

（3）支架各肢的长度，自上向下依次为 l_1、l_2、l_3、l_4、l_5 等。

（4）支架各肢的夹角，自上向下依次为 α_1、α_2、α_3、α_4 等。

各参数空间关系见图 1-15。

（二）设计过程的约束量

（1）由于按照一般情况，掩护支架采用 11# 矿工钢制作而成，11# 矿工钢的单位质量为 26.05 kg/m，若工作面的安拆架工作由人工完成，一般需要 2～3 个人同时操作，按照每人负重 40 kg 为标准，三人同时抬起支架时，最大支架全长不得超过 4.6 m，考虑到人员间的配合，一般支架全长不超过 4.0 m；若采用机械安装、拆卸支架时，支架全长可达到 6.0 m。

（2）根据《煤矿安全规程》规定，工作面高度不得小于 1.6 m，宽度不得小于 0.8 m。

（3）为便于支架走架，而且支架行走不出现啃底，支架最下肢与底板的夹角不得超过 15°。

（4）各肢之间的拐角不得超过 45°。

（5）一般要求支架的第一段保持水平姿势。

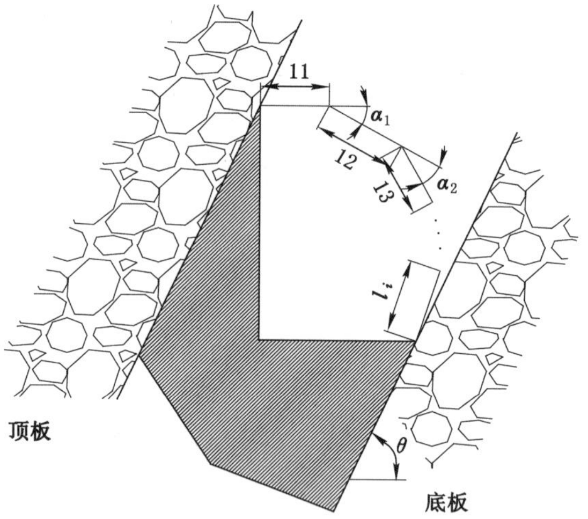

图 5-15　多边形柔掩支架设计图

五、 株柏煤矿 31117 工作面支架结构简介

31117 工作面柔性掩护支架采用的是架宽固定式支架，为 11# 矿工钢采用弯折法加工而成的五边形柔性掩护支架，支架之间为密排无填充排列方式，支架与采空区支架为无人工垫层方式，支架上端一般采用钢带封堵成圆滑状，下端加工成易于支架下滑的斜角形式。支架具体尺寸见图 5-11。

第四节　柔性掩护支架强度计算

由于柔性掩护支架一般采用 11# 矿工钢制作而成，在工作面受到矿山压力影响而存在支架断裂、变形的风险，为在设计之初将支架强度提高至支护允许的范围内，需进行强度计算。目前支护设计中的强度计算一般采取理论计算、数值模拟、实验验证等多种方法。由于支架的样式千变万化，种类繁多，有些还与液压系统进行配合使用，在本节中仅以株柏煤矿 31117 工作面的五边形支架的强度计算过程为例进行阐述。

（一）柔性掩护支架受力分析

1. 柔性掩护支架的传统受力分析

（1）工作面所受的原岩应力

工作面支架所受的矿山压力为工作面至地表的上覆岩层的重量，即为 $\sigma=\gamma H$，其中 σ 为工作面的原岩应力；γ 为工作面至地表岩石的平均密度；H 为工作面至地表的距离。

（2）以水平或近水平工作面类比柔掩工作面

以工作面直接顶载荷的倍数估算基本顶的载荷：

$$P = N \times \sum \gamma h \tag{5-2}$$

式中　P——直接顶及基本顶来压时的支护强度，kN/m^2；

N——基本顶来压与平时来压强度的比值，称增载系数；

γ——顶板岩层体积力，25 kN/m^3。

基本顶来压时，通过直接顶传递给支架的作用力，称为基本顶载荷，一般可按直接顶载荷的倍数估算，称为动载系数。基本顶来压时的载荷一般不超过平时载荷的 2 倍，本次计算取 2。

如果忽略顶板下沉量，则

$$\sum h = \frac{M}{K-1} \tag{5-3}$$

式中　M——工作面实际煤厚，m；

K——刚破碎时的胀碎系数，一般为 1.2～1.5，取 1.5。

2. 柔性掩护支架受力说明

柔性掩护支架沿煤层伪倾斜工作面布置，其上方为采空区冒落矸石，下方为工作空间，两侧分别为煤层顶底板。由于顶底板无支护，在矿山压力的作用下，采空区顶底板岩石冒落在掩护支架上。由于掩护支架的宽度小于煤层厚度，支架不支撑煤层顶底板，因此不受顶底板压力的直接作用。

自掩护支架安装、下放到拆除，其上方冒落矸石的作用大体可以分为以下 3 个阶段。

(1) 在柔掩支架工作面上平巷安装支架阶段，支架处于静止状态，当放顶并构成岩石垫层时，支架所受矸石压力逐渐增大。开始时，支架所受矸石压力随冒落矸石重量的增加较快增大，当增大到一定值后，随着冒落矸石的增加，支架所受矸石压力的增加逐渐减缓，并趋于稳定。

(2) 在支架下放过程中，支架上矸石压力急剧下降，是支架下放前的 40%～50%，而且，支架缓慢下放时的压力又比快速下放时小，其原因在于，掩护支架在下放过程中，紧贴支架的那部分矸石的下落与支架下放同步，上部矸石则由于岩块间摩擦力以及顶底板对其作用力的影响而之后下落，所以支架上部矸石堆积密度降低，作用在掩护支架上的压力也降低。

(3) 掩护支架下放结束在工作面下平巷拆除阶段，支架再次处于静止状态，初期压力增加很快，以后逐渐趋于稳定，其最大压力小于支架安装阶段时的最大压力。这是由于在掩护支架停止下放后，其上方矸石又重新密实起来，堆积矸石密度的增大引起支架所受压力的增大。

（二）柔性掩护支架受力模型

如图 5-16 所示，将支架上方的冒落矸石视为松散介质（散粒体），则支架所受矸石压力计算过程如下。

在支架上方采空区冒落矸石内，取一平行于支架且垂直于煤层顶底板的矸石分层块段，其沿煤层走向方向长度为 1 m，厚度为无限小 dh，距 x 轴的距离为 y_1。对于矸石分层块段来说，沿 y 方向有以下作用力：上部矸石的压力 P_1，下部矸石的反作用力 P_2，重力 G 沿平行于煤层顶底板的方向分离 G_1，矸石与顶底板的摩擦力 f。

上部矸石的压力 P_1 的计算公式为：

$$P_1 = p_1 S \tag{5-4}$$

其中　$$S = 1 \cdot M = M$$

式中　P_1——上部矸石的压力，kN；

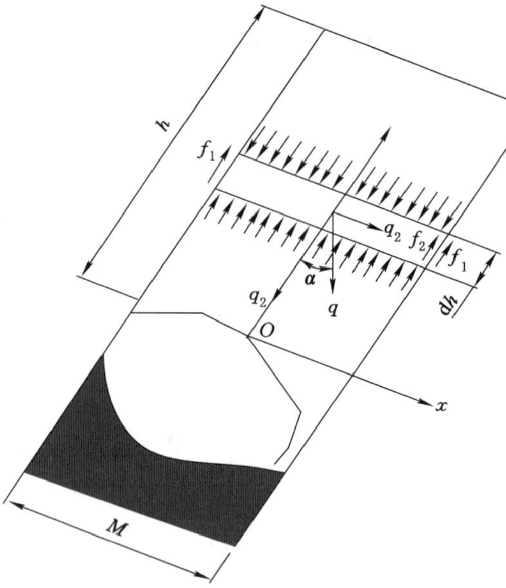

图 5-16　柔掩支架微分方程受力分析图

p_1 ——矸石分层块段上部表面单位面积上的矸石压力，kN/m^2；

S ——矸石分层块段上部表面（或下部表面）的面积，m^2；

M ——煤层的厚度，m。

下部矸石的反作用力 P_2 为：

$$P_2 = p_2 S \tag{5-5}$$

其中
$$p_2 = p_1 + \mathrm{d}p_1$$

式中　P_2 ——下部矸石的压力，kN；

p_2 ——矸石分层块段下部表面单位面积上的矸石压力，kN/m^2。

矸石分层块段的重力 G 沿平行于煤层顶底板的分力 G_1 为：

$$G_1 = G\sin\alpha \tag{5-6}$$

其中
$$G = qV = qM\mathrm{d}h$$

式中　G_1 ——重力 G 沿平行于煤层顶底板方向的分力，kN；

q ——单位体积矸石重力，kN/m^3；

V ——矸石分层块段的体积，m^3；

dh——矸石分层块段沿 y 轴的高度，m；

α ——煤层倾角，(°)。

矸石分层块段和顶底板的摩擦力 f 为：

$$f = 2p_1\zeta\eta\mathrm{d}h + qM\eta\mathrm{d}h\cos\alpha \tag{5-7}$$

式中　f ——矸石分层块段和顶底板的摩擦力，kN；

f_1—— 由 p_1 引起的侧压力所产生的矸石分层块段和顶底板的摩擦力，kN；

f_2—— 由 q_2 引起的矸石分层块段和顶底板的摩擦力，kN；

S_1 ——矸石分层块段与煤层顶板（或底板）的接触表面积，m^2；

q_1 ——单位体积矸石重力平行于煤层顶底板方向的分量，kN/m^3；

q_2 ——单位体积矸石重力垂直于煤层顶底板方向的分量，kN/m^3；

ζ ——平均侧压系数；

η ——矸石分层块段与顶底板的摩擦系数。

由矸石分层块段受力平衡条件可得：

$$P_2 - P_1 - G_1 + f = 0 \tag{5-8}$$

将式(5-4)～式(5-7)代入式(5-8)可得：

$$(p_1 + dp_1)M - p_1 M - qM dh \sin\alpha + (2p_1 \zeta\eta dh + qM\eta dh \cos\alpha) = 0 \tag{5-9}$$

（三）柔性掩护支架钢梁强度计算

1. 强度校核的支架受力状态确定

柔性掩护支架在安装、下放和拆除过程中，除受顶部矸石压力作用外，还受煤壁和支柱的支撑作用及钢丝绳的作用，支柱的支撑作用可以增加支架的强度。为将问题简化，在进行支架强度计算时不考虑支柱的支撑作用。在以上分析的基础上，支架的力学状态有如下几种模式：

(1) 支架两端支撑在煤壁上，只受均布载荷的作用力，如图 5-17(a)所示。

(2) 支架两端支撑在煤壁上，受均布载荷向下的作用力和钢丝绳向上的作用力，如图 5-17(b)所示。

(3) 支架不受煤壁的支撑力，只受均布载荷向下的作用力和钢丝绳向上的作用力，如图 5-17(c)所示。

(4) 支架两端支撑在煤壁上，受均布载荷向下的作用力和钢丝绳向下的作用力，如图 5-17(d)所示。

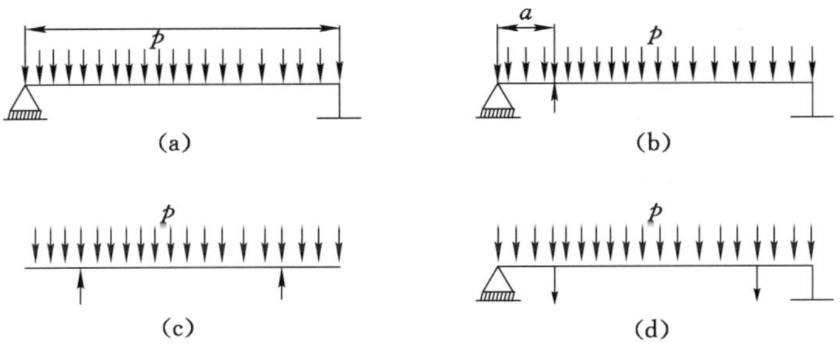

图 5-17　钢梁受力状态简图

这 4 种状态下支架都受对称载荷作用，因此均取其左半部分为研究对象，则在第一种受力状态下支架所受的弯矩为：

$$M = \frac{p}{2}(L_X - X^2), \quad 0 \leqslant X \leqslant \frac{L}{2} \tag{5-10}$$

则当 $X = \frac{L}{2}$ 时，在梁跨度中点横截面上：

$$M_{max} = \frac{1}{8}pL^2 \tag{5-11}$$

式中　M_{max}——钢梁所受最大弯矩，$kN \cdot m$；

p ——钢梁所受均布载荷，kN/m；

L ——钢梁长度，m。

在第二种受力状态下，设钢梁所受到的煤壁支撑力为 F，则 $0 \leqslant F \leqslant p\dfrac{L}{2}$，梁端的弯矩为：

$$M = -\frac{1}{8}pL^2 - \frac{p}{2}La + Fa, \quad a < X \leqslant \frac{L}{2} \tag{5-12}$$

式中 F——为煤壁支撑力，kN；

a——钢丝绳到所在钢梁端的距离，m。

结合 $0 \leqslant F \leqslant p\dfrac{L}{2}$ 的条件，由式(5-12)可得：

(1) 当 $0 \leqslant X \leqslant a$，$\dfrac{F}{p} > a$ 时，$\lim\limits_{F \to p\frac{L}{2}} M_{max} = \dfrac{p}{2}a(L-a)$；

(2) 当 $0 \leqslant X \leqslant a$，$\dfrac{F}{p} \leqslant a$ 时，$M_{max} = \dfrac{p}{2}a^2$，此时 $F = pa$；

(3) 当 $a < X \leqslant \dfrac{L}{2}$ 时，$\lim\limits_{F \to p\frac{L}{2}} M_{max} = \dfrac{p}{8}L^2$。

可知，在第二种受力状态下，

$$M_{max} < \frac{1}{8}pL^2 \tag{5-13}$$

在第三种受力状态下，钢梁所受弯矩为：

$$M = -\frac{p}{2}X^2 + \frac{p}{2}LX - \frac{p}{2}La \tag{5-14}$$

则：

$$M_{max} = \frac{1}{8}pL^2 - \frac{p}{2}La \tag{5-15}$$

由式(5-11)、式(5-13)、式(5-15)可知，在前三种受力状态中，第一种状态下钢梁所受弯矩最大，后两种受力状态对钢梁相对有利。第四种状态发生在工作面上拐点处或支架悬空地段，支架受力最大。因上拐点处始终有单体液压支柱支撑钢梁，而使支架的抗弯强度增大，支架受力最大。工作面支架悬空时，当跨度较大时，较大的载荷会将煤壁压塌，因此支架悬空地段跨距都较小，由于跨距减小，支架的强度也相应增大。

经以上分析可知，第一种受力状态下，即钢梁两端支撑在煤壁上且只受均布载荷向下的作用力时对钢梁最为不利，按照式(5-11)所示的最大弯矩计算公式进行钢梁的强度计算。

2. 柔性掩护支架钢梁强度

对支架钢梁进行强度计算时，首先根据支架结构确定支架危险截面的位置，然后根据受力情况计算危险截面上的弯矩，按照工作应力不得超过材料容许应力的强度条件进行校核：

$$\sigma = \frac{M}{W}[\sigma] \tag{5-16}$$

如前所述，柔性掩护支架所受载荷在工作面上平巷最大，在下平巷拆除时次之，工作面下放过程中最小。但上平巷安装段和下平巷拆除段支架下放均有单体支柱支设，且上平巷由于受保护煤柱作用，架后矸石较少，所受载荷均较少。工作面内支架下虽有单体液压支柱支撑，但其主要作用是移架，同时工作面爆破或者机采割面过程中支柱可能歪倒。因此进行强度计算时按照工作面支架下放过程中所受载荷进行考虑，其载荷大小是最大载荷的40%～50%，计算时适当增大即可：

$$P = KP_{max} \tag{5-17}$$

式中　P——工作面下放时钢梁所受的载荷，kN/m；

K——0.45～0.55，大支架取小值，小支架取大值；

P_{max}——钢梁所受的最大载荷，kN/m。

（四）柔性掩护支架钢丝绳强度计算

对于钢丝绳强度校核，按钢梁、钢丝绳受力体系中钢丝绳最大受力情况考虑，即考虑支架在较长一段距离内悬空，完全由钢丝绳拖住的情况。将钢丝绳切线与水平轴夹角为0处定义为拐点，则由于在伪斜工作面，钢丝绳的端点不在同一水平面内，拐点出现的地点可能存在以下情况：在A、B两点之间，如图5-18(a)所示；在B点之上，如图5-18(b)所示；在B点右侧，如图5-18(c)所示。

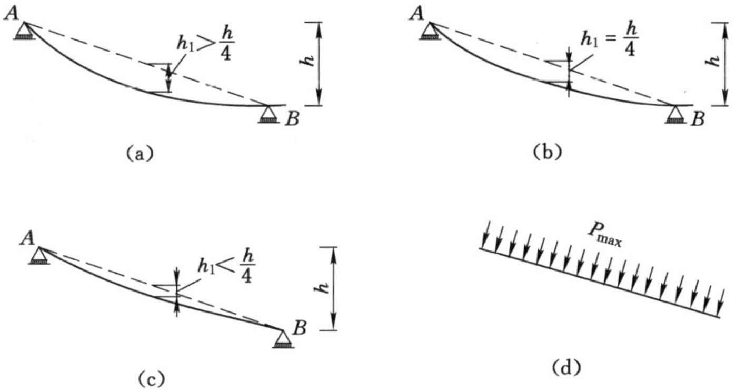

图5-18　钢丝绳受力分析图

钢丝绳在均布载荷的作用下，由材料力学受均布载荷的单跨小垂度柔索的计算公式可得钢丝绳所受的最大拉力为：

$$H \approx \frac{P'l^2}{8h_1} \tag{5-18}$$

式中　H——钢丝绳所受的最大拉力，kN；

P'——作用在钢丝绳上的均布载荷，kN/m；

l——钢丝绳的长度，m；

h_1——钢丝绳的最大挠度，m。

由以上分析可知，钢丝绳所受拉力在第一种情况最小、第二种情况次之、第三种情况最大。但过大的钢丝绳拉力会使A、B处受力过大，将煤壁或将单体支柱压倒，从而改变钢丝绳的挠曲曲线。因此，按第二种情况计算钢丝绳所受最大压力，将$h_1 = \dfrac{h}{4}$代入式(5-18)可得：

$$H \approx \frac{P'l^2}{2h} \tag{5-19}$$

第五节　柔性掩护支架工作面支护

本节主要以株柏煤矿 31117 工作面为例介绍柔性掩护支架工作面支护的辅助构件、设备等内容，并简单介绍一下工作面支护的部分工艺内容。

一、 柔性掩护支架工作面支护结构

1. 柔性掩护支架

采用矿制“八”字形支架、U 型丝、夹板与钢丝绳相连形成架口宽度为 2.8 m。

(1) “八”字形支架

采用 $11^{\#}$ 矿工钢加工而成的“八”字形架口宽度 2.8 m 的矿制支架，支架分为架背、架爪上肢和架爪下肢三部分，上下肢各带一个小弯。架爪上肢长 700 mm＋700 mm，架背长 1 300 mm，架爪下肢长 500 mm＋300 mm，上部两个弯的角度为 150°，架爪下肢与架背夹角 145°，下肢拐弯角度 150°，如图 5-11 所示。

(2) U 型丝

采用 ϕ20 mm 的圆钢加工而成的 U 型丝，左右两脚螺纹不得少于 100 mm，两脚间距 (145±2) mm，如图 5-19 所示。

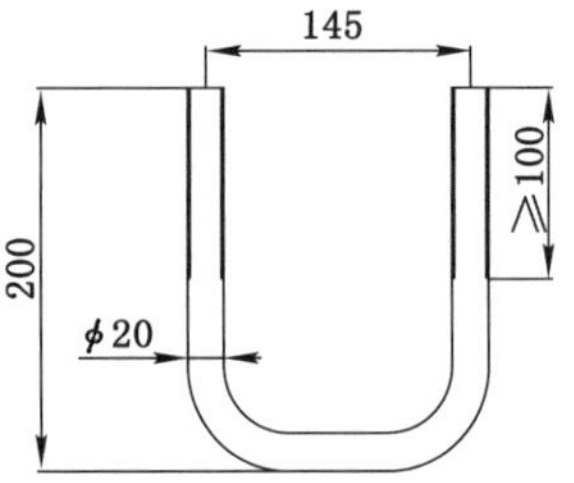

图 5-19　U 型丝结构示意图

(3) 夹板

夹板为长×宽×厚＝180 mm×60 mm×12 mm 的钢板制作而成，其中在夹板两侧加工两个间距为(145±2) mm、直径为 22 mm 的孔，如图 5-20 所示。

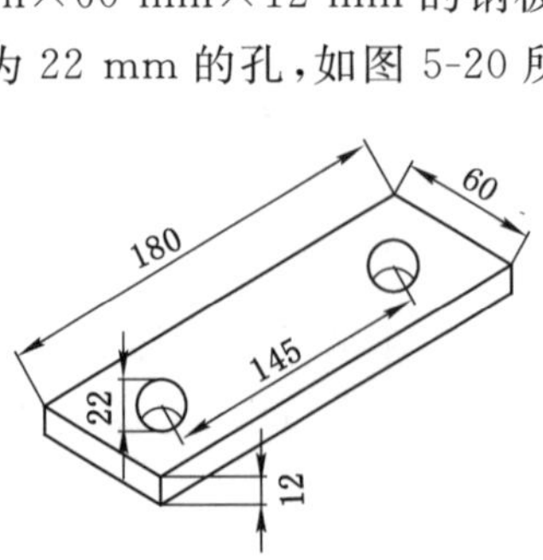

图 5-20　夹板结构示意图

(4) 钢丝绳

采用长度不低于 25 m,直径不低于 24 mm 的钢丝绳。

螺帽采用 M20 标准螺帽。

组装后的支架见图 5-21。

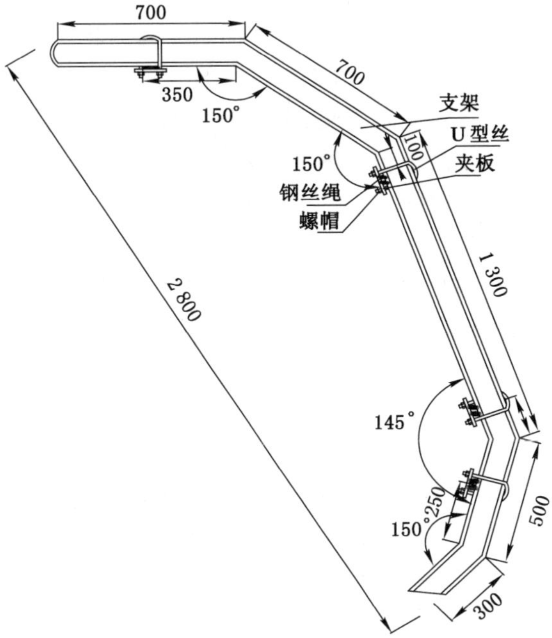

图 5-21　柔掩面支架组装示意图

2. 单体液压支柱

工作面上下平巷超前支护、溜煤小眼超前支护及工作面均使用单体液压支柱作为支撑载体。使用 DW 系列悬浮式单体液压支柱,根据不同的高度要求,分为 DW30-250/100 型、DW25-300/100 型、DW18-300/100 型三种。其中工作面内使用 DW30-250/100 型单体液压支柱,上下平巷超前支护根据支护高度使用 DW30-250/100 型、DW25-300/100 型、DW18-300/100 型单体液压支柱,溜煤小眼超前支护使用 DW18-300/100 型支柱支护。

二、 工作面支护工艺

由于柔掩工作面一般采用俯伪倾斜布置,随着工作面的不断推进,上端柔掩支架需要不断延接,架尾支架不断回撤。为保证支架延接与回撤的安全以及规范,特介绍相关工艺。另外在采煤工作面推进过程中遇到断层或其他地质构时,需要对工作面支架进行掐断,重新接架。

(一) 接架工艺

(1) 将支架、夹板、U 型丝、螺帽、单体液压支柱用专用的平板车运至工作面。施工人员不得少于 4 人。

(2) 第一架柔掩支架的安装：

① 将用于安装的8根托架钢丝绳运至施工地点，并按照巷道走向捋顺，两两一组，预留出3.5 m的挽绳长度。

② 将第一架柔掩支架运至切眼以内5 m处，人工调整支架，使支架的上肢架爪紧靠顶板，使其架背与顶底板法线夹角不大于15°，支架长轴方向与巷道走向垂直。用8#铁丝将上肢架爪固定在上方的支护上，严禁支架歪斜。

③ 一人扶住支架，防止歪倒伤人，两人分别在支架两侧将一组(两根)钢丝绳抬高至支架上肢下方，一人用U型丝、夹板、丝帽将钢丝绳扣在支架上肢下方。

④ 利用③中的方法依次自上向下将另外3组托架钢丝绳组装完毕，同螺丝紧固牢固。

⑤ 四组钢丝绳相对于支架的位置按照支架结构图中的标识位置组装。

⑥ 自上向下夹板的倾斜方向两两呈“八”字形。

(3) 非第一架支架的组装

① 将支架运至前一架的一侧，使支架的上肢架爪紧靠顶板，架背与顶底板法线夹角不大于15°，支架长轴方向与巷道走向垂直。紧靠前一架，保持支架与支架距离为0.125 m。

② 一人抬高托架钢丝绳，一人用U型丝、夹板、丝帽将钢丝绳扣在支架上，依次将四组托架大绳组装完毕。

③ 组装完毕一架后，不必将夹板与螺帽上紧，仅需要组合成一个整体即可。下一架支架组装完毕后，方可紧固本架支架上的螺帽，并微调大绳相对于支架的位置。

④ 依次按照①、②、③中的过程进行组装支架。每安装8架普通支架，安装一根带有防滑翅的支架。

⑤ 接架8架后，在支架下方靠近煤壁一侧支设第一颗单体液压支柱，继续接架后每2.0 m支设一颗单体液压支柱。

(4) 支架组装至切眼上口时，应搭设牢固可靠的脚手架，脚手架采用厚度不低于50 mm的木板搭接。

(5) 当接架长度超过5 m后，将架尾留设的3.5 m余绳，向支架内侧弯曲，并用U型丝、夹板、丝帽固定在支架上。每组绳需用两个固定点，第一个固定点距架尾不超过0.5 m，第二个固定点距余绳端部不大于0.5 m，两固定点之间钢丝绳不得留有余绳，四组挽绳不得交叉。

(6) 每安装支架1 m时，需拆除上运巷两侧的超前支护，并移至外侧重新支设。保证超前支护范围不少于20 m。

(7) 工作面安装20 m后进入支架下放阶段，但支架的安装不得停止，直至长度超过65 m。

(二) 拆架工艺

(1) 拆架人员必须站在安全地点作业，并随时注意观察顶板情况，发现不安全的问题及时解决。拆架前，架尾余绳部分挽回架内，用铁丝固定在架内的架子上，位置要适当，不影响施工安全。大绳随支架回撤，及时回拉，严禁埋入矸石内。

(2) 在架内拆架时不合适支柱要替换。支设支柱时，要有一人撑牢，加压要缓慢进行，防止支柱歪倒，支柱支设后及时用防倒绳系牢。

(3) 同时拆架施工人员不少于2人。拆除支架使用回柱器、扳手、撬棍由里向外一根一根地拆除。严禁由外向里卸螺母拆支架。为便于拆支架，取出支架后，用木料搪牢防止窜矸。人员不准进入无支架的空间。

(4) 上部托梁卡子拆除数量不超过 3 排，卡子拆除后及时回收支架。架内原单体支柱距架尾最后一根支架梁距离大于 1.0 m 时必须在支架梁下打上不少于 2 根的临时点柱。

(5) 架尾平段 5 m 内，拆架前必须打两根底撑。底撑距最后一根支架不超过 1 m。

(6) 回出的支架要及时运走，不得阻塞后路。拆架时要自下而上进行。架尾边角必须用木料拦好，严防窜煤(矸)。拆架前，必须先清除该处的浮矸杂物，保持畅通。架内的高度不得低于 1.8 m，架内松散的煤壁及时用手镐找掉，必须支设贴帮柱竹笆封闭严实。

(7) 拆除支架使用手拉葫芦(手拉葫芦的固定：在架内适当的位置，用 U 型卡穿过支架与支架的大绳上，上牢夹板，螺帽必须满丝，挂牢手拉葫芦，另一端用手拉葫芦的铁链系牢支架)由里向外一根一根拆除。在回拉时手拉葫芦至回撤支架之间的绳道上严禁站人，架内要保持最后一根单体至最后一根支架梁不大于 1 m。

第六章 急倾斜煤层开采安全管理

第一节 通风管理技术

一、 通风系统类型的选择

采煤工作面通风系统是由工作面的瓦斯、温度和煤层自然发火状况等确定的，根据采煤工作面进回风巷道的布置方式和数量确定工作面通风系统类型。由于株柏煤矿柔性掩护支架工作面只有一条进风巷道和一条回风巷道并且瓦斯涌出量小、温度低，故选择U形上行风后退式通风系统。由于柔性掩护支架采煤法的特殊性，需要在回采过程掘进溜煤眼，因此，回采期间采用矿井全负压通风，掘进溜煤眼期间配备局部通风机供风。

二、 工作面需风量的计算

株柏煤矿柔性掩护支架采煤工作面需风量计算分两个步骤进行：一是回采期间工作面需风量的计算，其中分为机采和炮采。二是掘进溜煤眼时按掘进工作面需风量计算。然后取最大值并进行风量验算。

1. 采煤工作面需风量计算

根据《煤矿安全规程》、《煤矿通风能力核定标准》(AQ 1056—2008)等规定和《临矿集团矿井风量计算实施细则》计算风量。主要从工作面温度、有害气体、风速、爆破、采面长度、平均控顶距、采高等几个方面考虑。

(1) 按甲烷涌出量计算

$$Q_{回} = 100 \times q_{瓦回} \times K_{回通} \tag{6-1}$$

式中 $Q_{回}$——工作面实际需要的风量，m^3/min；

$q_{瓦回}$——工作面的甲烷绝对涌出量，m^3/min；

$K_{回通}$——工作面的甲烷涌出不均匀的备用风量系数，一般取1.5～2.0，根据实际取2.0。

(2) 按二氧化碳涌出量计算

$$Q_{CO_2} = 67 \times q_{CO_2} \times K_{CO_2} \tag{6-2}$$

式中 Q_{CO_2}——工作面实际需要的风量，m^3/min；

q_{CO_2}——工作面的二氧化碳绝对涌出量，m^3/min；

K_{CO_2}——工作面的二氧化碳涌出不均匀的备用风量系数，一般取1.5～2.0，根据实际取2.0。

(3) 按工作面气象条件计算：

$$Q_{CO_2} = 60 \times 70\% \times v_{采} \times S_{采} \times K_{采高} \times K_{采面长} \tag{6-3}$$

式中 70%——有效通风断面系数；

$K_{采高}$——采煤工作面采高调整系数，取 1.1（表 6-1）；

$K_{采面长}$——采煤工作面长度调整系数，取 1.0（表 6-2）；

$v_{采}$——采煤工作面风速，m/s，取 1.5（表 6-3）；

$S_{采}$——采煤工作面平均断面积，m^2。

$$S_{采} = hl \tag{6-4}$$

式中　h——采煤工作面的采高，m；

l——采煤工作面平均控顶距，1.0 m。

表 6-1　采煤工作面采高调整系数

采高/m	<2	2.0～2.5	2.5 以上放顶煤
$K_{采高}$	1.0	1.1	1.2

表 6-2　采煤工作面长度调整系数参考表

采煤工作面长度/m	长度风量调整系数 $K_{采面长}$
<120	1.0
120～150	1.1
150～180	1.2
>180	1.30～1.40

表 6-3　采煤工作面进风流空气温度与对应风速

采煤工作面空气温度/℃	采煤工作面风速 $v_{采}$/(m/s)
<20	1.0
20～23	1.0～1.50
23～26	1.5～2.38

(4) 按三级煤矿许用炸药爆破计算采煤工作面实际需要的风量

$$Q_{采} = 10A_{采放} \tag{6-5}$$

式中　$A_{采放}$——采煤工作面一次爆破所用的最大炸药量，kg；

10——每千克炸药需风量，m^3/min。

(5) 按人数计算

$$Q_{采} = 4N_i \tag{6-6}$$

式中　N_i——采煤工作面同时工作的最多人数。

选取以上结果最大值作为需风量计算依据。

(6) 按风速进行验算

① 验算最小风量

$$Q_{采} \geqslant 60 \times 0.25 \times S_{采} \tag{6-7}$$

$$S_{采} \geqslant H_{采} \times L_{采} \tag{6-8}$$

式中　$S_{采}$——采煤工作面最大控顶面积，m^2；

$L_{采}$——采煤工作面最大控顶距，取 1.0 m；

$H_{采}$——采煤工作面实际采高，m；

0.25——采煤工作面允许的最小风速，m/s。

② 验算最大风量

$$Q_{采} \leqslant 60 \times 4 \times S_{采i} \tag{6-9}$$

$$S_{采i} \geqslant H_{采i} \times L_{采i} \tag{6-10}$$

式中 $S_{采i}$——采煤工作面最小控顶面积，m^2；

$L_{采i}$——采煤工作面最大控顶距，取 1.0 m；

$H_{采i}$——采煤工作面实际采高，8 m；

4——采煤工作面允许的最大风速，m/s。

根据计算，柔性掩护支架采煤工作面单面需风量确定为 $Q_{采} \leqslant 672\ m^3/min$。

2. 掘进工作面需风量计算

(1) 按甲烷涌出量计算

$$Q_{掘} = 100 \times q_{甲烷} \times K_{掘通} \tag{6-11}$$

式中 $Q_{掘}$——掘进工作面实际需要的风量，m^3/min；

$q_{甲烷}$——掘进工作面回风流中平均绝对甲烷涌出量，m^3/min；

$K_{掘通}$——掘进工作面甲烷涌出不均衡的风量系数，取 2.0；

100——按掘进工作面回风流中甲烷浓度不超过 1% 的换算系数。

(2) 按二氧化碳涌出量计算

$$Q_{掘} = 67 \times q_{CO_2} \times K_{CO_2} \tag{6-12}$$

式中 $Q_{掘}$——掘进工作面实际需要的风量，m^3/min；

q_{CO_2}——掘进工作面回风流中平均绝对二氧化碳涌出量，m^3/min；

K_{CO_2}——掘进工作面二氧化碳涌出不均衡的风量系数，取 2.0。

67——按掘进工作面回风流中二氧化碳的浓度不应超过 1.5% 的换算系数。

(3) 按三级煤矿许用炸药爆破计算掘进工作面实际需要的风量

柔性掩护支架掘进工作面打溜煤眼时，采用风镐落煤或爆破落煤工艺。

$$Q_{采} = 10A_{采放} \tag{6-12}$$

式中 $A_{采放}$——掘进工作面一次爆破所用的最大炸药量，kg；

10——每千克炸药需风量，m^3/min。

(4) 按人数计算

$$Q_{掘} = 4N \tag{6-14}$$

式中 N——掘进工作面同时工作的最多人数；

4——每人每分钟需要的风量，m^3/min。

溜煤眼掘进工作面同时工作需要风量根据以上计算选取最大值，然后根据掘进工作面巷道通风距离、风筒漏风率(表 6-4)，确定拟选用局部通风机型号、风筒直径等，再结合实测保证局部通风机供风量满足生产需要。

表 6-4 通风距离与风筒漏风率对照表

通风距离/m	<100	100～200	200～500
风筒漏风率/%	3	2	1.5

(5) 按局部通风机实际需要风量计算

溜煤上山掘进工作面实际配风量按局部通风机吸风量计算：

$$Q_{掘} = Q_{局机} + Q_{防循环} \tag{6-15}$$

式中　$Q_{掘}$——溜煤上山掘进工作面实际配风量，m^3/min；

$Q_{局机}$——局部通风机的吸风量，m^3/min；

$Q_{防循环}$——防止风机喝循环风的风量，m^3/min。

(6) 按风速进行验算

风筒百米漏风率为2%，掘进工作面实际风量为 $Q_{局机} \times (1-2\%)^2$。

① 按最低风速验算

$$Q_{掘} \geqslant 15S_{掘} \tag{6-16}$$

式中　$S_{掘}$——煤巷掘进工作面的断面积，m^2。

② 按最高风速验算

$$Q_{掘} \leqslant 240S_{掘} \tag{6-17}$$

根据①、②计算，选取最大值为柔性掩护支架采煤工作面回采时需风量。

三、 通风设施管理

(1) 柔性掩护支架采煤工作面下运巷设两道调节风门，利用调节风门控制工作面需风量。

(2) 采区内的所有通风设施必须符合质量标准，两道风门必须连锁，严禁同时打开两道风门，行人运料时必须及时关闭风门。

(3) 爱护通风设施，严禁任意损坏，不得随意拆除连锁，经常检查工作面风门启闭、完好情况，保证工作面风量充足。

(4) 通风设施前后5 m范围内禁止堆放物料。

四、 通风安全技术措施

(1) 加强通风管理，确保工作面的风量达到要求，风速满足要求。

(2) 因巷道冒顶或其他原因而致使工作面风量不足时，应立即撤人至通风完好的地点，然后汇报给调度室，工作面风量恢复后再生产。

(3) 确保工作区域内空气成分满足要求，正常情况下氧气不低于20%，二氧化碳不高于0.5%，其他气体浓度符合相关规定。

(4) 必须认真履行瓦斯检查员手册签字制度，及时掌握工作面甲烷浓度的变化情况，必要时按要求组织人员撤离。

(5) 临时停工的地点，不得停风；否则必须切断电源，设置栅栏，安设警标，禁止人员进入，并向调度室报告。停工区内甲烷或二氧化碳浓度达到3%或其他有害气体浓度超过规定不能立即处理时，必须在24 h内封闭完毕。所有人员都不得破坏栅栏和密闭，严禁擅自进入栅栏。

第二节　瓦斯管理技术

一、　煤层瓦斯赋存状态

煤体内之所以能够保存一定数量的瓦斯，主要与煤的结构有密切关系。煤是一种复杂的孔隙性介质，有着十分发达的、大小不同的孔隙和裂隙，具有巨大的自由空间和孔隙内表面积。因此，成煤过程中生成的瓦斯就能以不同状态赋存于这些裂隙和孔隙内。瓦斯通常以游离和吸附两种状态赋存于煤体中。吸附状态瓦斯按其与煤体结合形式不同，又分为吸着和吸收两种状态。吸着状态是瓦斯气体分子在其与煤粒固体分子作用力下而被吸着在煤体孔隙的内表面上，形成一层很薄的吸附层。吸收状态是瓦斯气体分子进入煤体胶粒结构与煤体结合而呈现的一种状态。原始煤体中游离状态与吸附状态的瓦斯始终处于动态平衡。煤层涌出的主要是煤层中处于游离状态的瓦斯。随着瓦斯涌出持续进行，煤层中游离瓦斯量会相对减少，此时，吸附瓦斯就会解吸成为游离瓦斯，使瓦斯涌出得以持续进行。游离瓦斯与吸附瓦斯的解吸与吸附，与压力、温度及煤体结构破坏程度等因素有着密切关系，在压力降低、温度升高或受到破坏时，动平衡转换以解吸为主，反之，则以吸附为主。

二、　瓦斯超限原因分析

（1）掩护支架采煤法严重制约工作面的配风量和瓦斯治理。一是采用爆破落煤开采工艺，爆破后工作面斜架内通风断面积缩小为爆破前的1/3～1/4，严重时甚至堵塞整个工作面。二是采用机采落煤采煤机占用了1/3～1/2工作面斜架内通风断面积，所以尽管瓦斯涌出量不大，但往往造成工作面瓦斯超限，威胁安全生产。

（2）工作面回风流的瓦斯来源一个是煤壁，一个是采空区，采空区瓦斯涌出量要占瓦斯涌出总量的50%～60%。由于煤层倾角大，而瓦斯又比较轻，因此采空区瓦斯随采空区漏风，绝大部分积聚在工作面上隅角附近。上隅角又是漏风出口，支架在此拐弯，通风断面积变小，部分风流通过采空区从平架头的拐点流出，将采空区内瓦斯带出，造成平架背后和支架拐点1～5 m范围内瓦斯浓度超限。工作面爆破落煤后，支架下放，浮煤充填在架内，造成架内有效通风断面不足，由于架内阻力增大，采空区漏风明显加大，工作面上隅角附近高浓度瓦斯涌向回风巷，造成回风流瓦斯超限。

三、　瓦斯来源及积聚特点

1. 工作面瓦斯来源分析

伪倾斜柔性掩护支架工作面瓦斯来源与含瓦斯煤（岩）层赋存状况和开采技术条件有关，主要来自开采层和邻近层（含围岩）。伪倾斜柔性掩护支架工作面的瓦斯来源主要是工作面爆破后煤体和采空区的瓦斯涌出。

2. 工作面瓦斯积聚特点

通过对株柏煤矿伪倾斜柔性掩护支架工作面瓦斯积聚的调研与分析可知，伪倾斜柔性掩护支架工作面瓦斯积聚是一个动态的过程，因此应采用瓦斯综合治理技术，防止瓦斯超限。工作面瓦斯积聚主要有以下特点：

(1) 采空区上部即工作面回风巷上隅角易形成瓦斯积聚区。由于煤层倾角大，爆破落煤后，工作面上部围岩垮落下滑充填下部采空区，使采空区在空间上形成一个椭球体。瓦斯较空气轻，会沿采空区裂隙上浮，采空区上部(上隅角)作为采空区漏风的汇集处，在架内爆破及起爆后落煤、支架下调和放煤过程中，很容易造成瓦斯积聚，同时，采空区漏风宽度有限，很难带走上部积聚瓦斯，使得瓦斯大量积聚于椭球体顶部形成高瓦斯区。

(2) 工作面掩护支架后部采空区易于积聚大量瓦斯。通常情况下，掩护支架工作面瓦斯超限的原因在于，掩护支架背后煤体放出后形成暂时的空间，为瓦斯积聚提供了空间条件。采空区内遗煤的增加，将会使采空区内瓦斯涌出量显著增大。同时，爆破落煤过程中顶煤滑动破碎释放出的瓦斯由于浮力作用也流到采空区，从而导致掩护支架后部采空区的瓦斯大量积聚。

四、 瓦斯综合治理技术

1. 瓦斯检查(设点、次数)

(1) 工作面设瓦斯检查员巡回检查，每隔 3～5 h 检查一次，每班至少检查两次，本班未进行工作的工作面每班检查 1 次。机电设备设置地点及硐室每班检查 1 次甲烷、二氧化碳浓度和温度。

(2) 瓦斯检查点分别设在工作面进风流和回风流、回风隅角、巷道高冒点、液压泵站、充电硐室。

(3) 瓦斯检查牌板应设置在回风平巷中距工作面 20～50 m 处，检查结果要及时填写，并及时向有关人员汇报。

2. 瓦斯管理措施

(1) 每班必须设瓦斯检查员检查甲烷浓度，发现问题及时汇报、处理。

(2) 采区回风巷、工作面回风巷风流中甲烷浓度超过 1%或二氧化碳浓度超过 1.5%时，必须停止工作，切断电源，撤出人员，及时汇报给调度室，并采取措施进行处理。

(3) 瓦斯检查员检查到甲烷浓度超限时，有权责令现场工作人员停止工作，并撤到安全地点。

(4) 通风部门必须保证工作面供风量达到设计值，风流控制可靠、稳定。

(5) 采煤工作面及其他作业地点风流中甲烷浓度达到 1.0%时，必须停止打眼，爆破地点以及起爆地点 20 m 以内风流中甲烷浓度达到 1.0%严禁装药爆破。工作面和其他作业地点以及机电设备或开关安设地点附近 20 m 以内风流中的甲烷浓度达到 1.5%时，必须停止工作、切断电源、撤出人员，进行处理。工作面及其他巷道内体积大于 0.5 m^3 的空间内积聚甲烷浓度达到 2.0%时，附近 20 m 以内必须停止工作、切断电源、撤出人员，进行处理。对因甲烷浓度超过规定而被切断电源的电气设备，在电气设备附近 10 m 范围内甲烷浓度降到 0.8%以下时方可送电。

(6) 瓦斯检查员必须现场交接班，把本班存在问题、隐患等情况交接清楚。

(7) 安架、撤架等施工时，施工地点必须悬挂便携式甲烷仪。

(8) 工作面回风流中，未经瓦斯检查员检查甲烷浓度，不得擅自停电检修电气设备及其开关。

(9) 增加工作面断面积，加大风量降低瓦斯浓度。保证架内高度不低于 1.2 m，从而增加了工作面通风断面。结合将工作面风量增大的措施，可将工作面回风平巷中的瓦斯浓度稀释到1.0%以下。

(10) 选择合理的爆破参数，确保爆破后工作面回风流中的瓦斯不超限。

柔性掩护支架工作面爆破落煤后容易造成瓦斯超限的主要原因有：工作面采用爆破方式落煤，爆破时煤体被抛起，瓦斯涌出；支架下移会造成工作面空间急剧减小，风量急剧变小，采空区瓦斯大量涌出。为解决爆破落煤后瓦斯超限问题在爆破方面主要采取以下措施：采用毫秒爆破。炮眼采用跳段布置，一般情况下，顶眼滞后于底眼1～2段，呈三花眼或三角眼形式布置，炮眼的间距、角度、方向以及装药量等参数，应根据回采煤层的具体情况，依据爆破效果合理确定。每炮孔使用1卷矿用三级乳胶炸药，正向装药，串联起爆，且每隔3～5 m留设1棵支柱支撑支架，从而有效减少煤体上抛的高度和支架的下移量，确保了爆破后工作面断面。严格掌握并控制好掩护支架工作面上拐点处的炮眼布置形式及爆破参数。在爆破方面，解决爆破后工作面上隅角采空区瓦斯大量涌出问题的关键在于炮眼的布置和起爆顺序。工作面采用单排眼或三花眼布置，眼距0.8～1.0 m，眼深0.8 m。严格执行"以风定产"，根据煤层的瓦斯涌出量，分段爆破。严格按工作面配风量合理确定一次起爆段的长度和炮眼数量，且留有一定的安全系数。

3. 其他瓦斯综合治理措施

(1) 从工作面巷道设计源头为瓦斯治理创造条件，矿总工程师要认真组织审查工作面设计和瓦斯综合治理设计。

(2) 通风系统稳定可靠，采用超前伪倾斜开切眼布置方式的掩护支架工作面内必须设置2道高质量的调节风门。为有效防止支架上方的瓦斯从架头处逸出，上拐点向下5 m范围内一般不放架外煤。

(3) 工作面爆破由下而上分段进行，每段长度不得超过30 m；每段爆破后，出完煤，支护到位后方可进行下一段打眼；工作面上拐点及以下10 m范围内要单独爆破，并要加大炮眼间距，减少装药量。

(4) 工作面两巷及时超前支护，上隅角用防静电编织袋装黄泥等封堵充填严实。

(5) 工作面安设专职瓦斯检查员、安全检查员、爆破工，检查督促各项措施的落实情况。

第三节 煤尘管理技术

矿井煤尘防治始终是困扰煤矿开采的重要技术难题，尤其是伪倾斜柔性掩护支架采煤法开采时工作场所煤尘浓度居高不下，煤尘防治问题变得更为突出。具有爆炸危险的煤层如果防治不力，将会给工作面生产安全带来严重威胁，也严重影响职工身体健康。因此，通过对工作面煤尘来源的研究，并进行科学防治，对于保障安全生产、确保职工身体健康是十分必要的。

一、煤尘来源与危害分析

1. 工作面煤尘来源分析

回采作业是产生煤尘量最高的生产工序之一，伪倾斜柔性掩护支架工作面的粉尘来源主要是以下几个生产环节。

(1) 风煤钻钻眼：在利用风煤钻钻眼过程中，钻头以一定速度向煤体内部运动，由于挤压作用使煤体产生弹性形变，储存了弹性能，在煤屑和煤体分离时，煤屑弹性恢复，煤屑在弹性能的作用下以较高的速度从孔口飞出，经此强压和释放过程，产生大量煤尘。

(2) 爆破落煤：爆破落煤是产生煤尘最多的一个工序，炸药起爆后，在煤体的断裂破碎和冒落过程中产生大量煤尘。

(3) 风镐破煤：对于大块煤，在利用风镐破碎时，也会有大量的煤屑在弹性能的作用下飞出而产生煤尘。

(4) 采煤机破煤：采煤机在割煤过程容易产生大量煤尘。

(5) 工作面运煤：在煤炭自溜运输过程中，由于风流与运输方向相反，也会扬起细小煤粒产生煤尘。

(6) 工作面放煤：架外的煤炭需要通过放煤口放出，使工作面煤尘大量增大。

2. 工作面煤尘危害

工作面煤尘危害主要表现在以下 3 个方面：

(1) 危害职工身体健康。伪倾斜柔性掩护支架工作面回采时煤尘大幅度增加，如果防尘技术、措施滞后，职工长期在此环境中工作，极易患尘肺病。

(2) 高浓度煤尘环境中，能见度低，工作面作业人员发生人身事故的概率增加。

(3) 大部分煤尘具有爆炸危险性，给矿井安全生产带来很大威胁。

二、 煤尘综合治理技术

针对伪倾斜柔性掩护支架工作面煤尘来源特点，株柏煤矿主要采取以下技术综合治理煤尘。

(一) 通风排尘

通风排尘主要是通过选择合理的通风系统和最佳的通风参数以及安装简易的通风设施，来稀释和排出工作面各个产尘点所产生并悬浮于风流的煤尘，防止煤尘大量积累。加大柔性掩护支架工作面的上下平巷和支架内断面，可在满足风量的基础上降低风流速度，防止煤尘飞扬，有效降低煤尘危害。

(二) 煤层注水

1. 注水目的

煤层注水是在采前通过钻孔向煤体内注入静压水或高压水，增加煤体微小孔隙的含水量，同时改变煤的物理化学性质及其他产尘特性。煤层注水是解决工作面煤尘危害的根本措施，通过煤层注水，充分湿润煤体，注水降尘，减少破煤产尘量，防止煤尘堆积，预防煤尘爆炸。同时，煤层进行注水后，深部煤体受压破裂，甲烷将会均匀释放，可有效预防甲烷超限事故。

2. 注水工具及方式

采用 JZF-A22 型橡胶注水封孔器配合 ϕ10 mm 钢编胶管、三通等进行静压注水降尘。注水器安装如图 6-1 所示。

3. 煤层注水的技术参数

施工 5 个注水孔，间距 5 m，采用分段超前注水，每段注水长度不小于 20 m，钻孔孔深

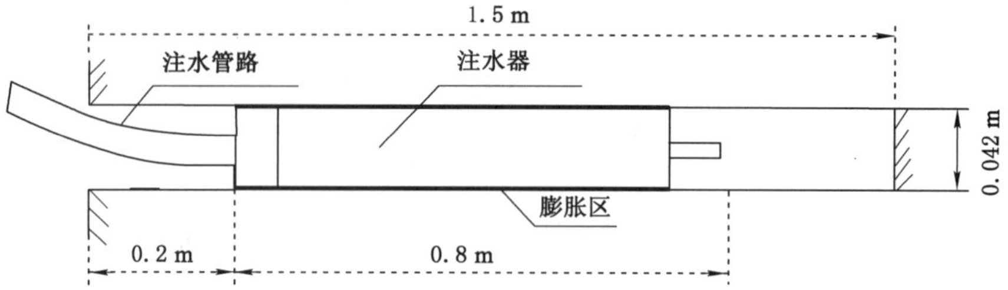

图 6-1　注水器安装示意图

2.5 m,注水孔湿润半径为 2.5～3.0 m。循环注水,钻孔方向与煤层倾向一致。钻孔采用风煤钻(ZQHS-20/1.1 型)配合 ϕ42 mm 麻花钻杆(1.0 m/节)进行施工。注水压力大于 3 MPa。注水孔具体位置见图 6-2。

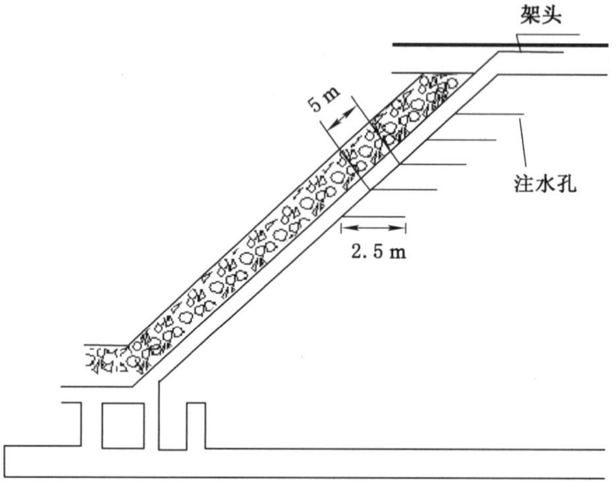

图 6-2　注水孔具体位置

注水流程:系统供水→截止阀→封孔器→钻孔→注水→结束(根据煤质情况注水时间为 2～5 min 或以煤壁渗水为准)。

采用 FZM-A22 型封孔器进行封孔,封孔器外端应进入孔内 200 mm 以上。

过断层、顶板破碎、留顶煤施工时,不进行注水,以防片帮、漏顶。

注水完成后必须对注水作业进行记录。

(三) 工作面喷雾降尘和洒水灭尘

工作面喷雾降尘是一种被动性的降尘措施,通过水雾将悬浮于风流中的煤尘湿润,加大其沉降速度,并抑制煤尘再次飞扬,从而达到降尘的目的。对于伪倾斜柔性掩护支架工作面,在区段回风平巷内设置 2～3 道净化喷雾,在所有巷道内进行洒水灭尘,在区段运输平巷各转载点安设喷头洒水消尘,并定期清洗积尘,可有效降低煤尘量。

(1) 防尘管路系统:31117 采煤工作面的防尘用水,来自地面蓄水池,一路经风井、南翼回风上山、－200 m 大巷、两级乘人索道、－400 m 大巷、十采副下山、－650 m 南大巷、31117 运巷到达工作面;另一路经风井、南翼回风上山、－200 m 大巷、两级乘人索道、－400 m 大巷、十采副下山、-535 m 回风巷、十一采主下山、31117 回风巷到达工作面，分别用 $\phi50$ mm 铁管和 $\phi25$ mm 胶管接至工作面运输平巷、回风平巷和工作面。

运输平巷供水管路选用直径 50 mm 的水管，每隔 50 m 设一个三通阀门，在水管进入平巷处安装闸门，供水管路水量达到 10 m^3/h，能够满足工作面洒水、喷雾和除尘水幕和各转载点的供水。

回风平巷供水管路选用直径 50 mm 的水管，每隔 50 m 设一个三通阀门，在水管进入平巷处安装闸门，给防尘水幕和各转载点供水。

(2) 对工作面进回风平巷每班冲刷一次，工作面内定期洒水、冲刷巷道及工作面顶帮。

(3) 工作面风速要控制在规定范围内，防止煤尘飞扬。爆破前后均要洒水灭尘。

(4) 要定期测尘，工作面及回风巷有煤尘堆积现象时采用综合防尘措施及时处理。

(四) 隔绝煤尘爆炸措施

在工作面运输平巷、回风平巷各安装一组软质隔爆水棚。隔爆水棚安装质量要符合《煤矿井下粉尘综合防治技术规范》要求。棚区长度 20 m，棚间距 1.2～3 m，隔爆水袋 80 L/个。防爆水棚不小于 16 棚，做到经常清刷，保证水量，每周检查一次，及时补充水量。防爆水棚距工作面 60～200 m，并随工作面推进而移动。

第四节　综合防灭火技术

株柏煤矿开采实践表明，伪倾斜柔性掩护支架工作面煤层自燃防治是安全保障技术的难题，其首要的是采空区防灭火，其次是高冒区防灭火。在生产过程中，应结合矿井的具体情况，以科学方法综合煤层自然发火各种因素进行研究，总结各因素之间关系及自然发火规律，确定合理的综合防灭火技术方案，并在生产中实施。

一、 煤层自燃机理

目前国内外学者提出的煤炭自燃学说，主要有黄铁矿导因学说、细菌导因学说、酚基导因学说和煤氧复合学说等。

煤层自然发火的原因可采用西安科技大学徐精彩教授修正完善的煤氧复合作用学说来解释，即当煤体暴露于空气中，空气渗透进入煤体内部，煤体表面分子中的活性基团与空气中的氧分子接触后发生物理吸附和化学吸附，进而在产生化学吸附的部分活性基团中发生化学反应，同时放出热量。此时若煤体所处环境散发的热量小于煤体放出的热量，即煤体蓄热条件满足自燃的需要，则煤体放出热量被积聚，使煤体温度升高。当煤温上升超过临界温度时，煤氧反应速度加快，放热量增加，有可能在几天后煤温到达燃点，发生燃烧。在现场实际条件下，松散煤体的厚度越大、煤体粒度(或块度)越小、工作面推进速度越慢，越容易导致煤体自燃的发生。

二、 自然发火原因分析

因受采煤方法及工艺限制，掩护支架工作面开采速度慢、爆破后堵塞风流、上区段采空区存在漏风等均可引起工作面遗煤自燃，或者在工作面回采巷道推进时高冒区处理不当，工作面推进到此时引起发火。在掩护支架工作面开切眼和溜煤眼处，开切眼、溜煤眼不能全部垮落,不易冒实,易造成工作面上方采空区浮煤氧化自燃。

株柏煤矿开采的急倾斜煤层采区一般较长,多为双翼布置。这种开采方式极易造成遗煤自燃,主要有以下几种情况:

(1) 开采各区段均需留设防火煤柱,下区段回采后因其垮落而形成一个松散区域,造成工作面采空区遗煤多,在间隔开采期形成氧化带,在下区段开采时,如上区段采空区漏风,极易引起采空区遗煤氧化自燃,从而波及采煤工作面后方采空区。

(2) 同区段一般采用双翼开采,其中的一翼回采完毕封闭后,另一翼正在回采,随着系统通风参数的变化,上、下两端的压差增大,使采后密封墙采空区下部易于发火。

(3) 急倾斜煤层倾角大,采空区下部浮煤较厚,且受采动应力的影响,浮煤粒度小,易氧化发火,防火难度大;同时,遗煤量较多,且因区段运输平巷煤柱的支撑作用,而导致采空区难以压实,使采空区漏风大大增加,遗煤经长时间氧化蓄热升温,而采空区温度相对其他地点更高,使得自然发火期大为缩短,采空区上部易于发火。

由于急倾斜煤层采空区管理的特殊性,采空区上部煤岩向下移动,造成采空区上部煤岩间隙大、漏风供氧条件适宜,因此浮煤自燃危险性增大。

三、 防灭火技术措施

急倾斜煤层倾角大,单一采用现已成熟的注浆防灭火技术无法有效地达到防灭火目的。因浆液下流速度快,扩散半径小,注浆量难以掌握,若注浆量大,浆液在采空区冲出沟槽,沿沟槽直接下流,达不到渗透、包裹浮煤的目的,如果流入工作面,还会造成积水,影响正常生产;若注浆量小,不能有效扩散、渗透、包裹浮煤,达不到理想的防火目的。同时,由于浆液的自然下流,注浆防灭火对于采空区上部区域很难起到防治效果。因此,必须同时进行采空区注氮防灭火,实施综合防灭火技术措施。

1. 做好基础性的技术工作

(1) 合理调整矿井通风系统采用最佳的通风路线,选择适宜的通风机工况点,随着采掘工作面的变化,合理分配各采区相应的风量。另外,在采区设计中,采区巷道布置要考虑有利于防火工程的实施,优化采区布局,降低通风阻力。要加强日常的预测预报工作和通风设施的管理工作,煤层自然发火有一个相对较缓慢的潜伏过程,准确预测预报,可以尽早地发现隐患,把火情消灭在萌芽状态。

(2) 建立预测预报数据库管理系统,确定合理的监测点,对预测预报数值进行动态分析管理,对工作面及其上方采空区封闭墙内气体进行定期测定,定期采样分析,并建立相应的分析台账,包括对气体成分的分析和温度变化特征的描述。

2. 采煤工作面煤体自然发火防治措施

根据对伪倾斜柔性掩护支架工作面煤体自然发火特征的分析,得知防灭火技术研究的核心是防治采空区煤炭自然发火。由于采用该采煤方法开采形成的采空区自然发火具有特殊性,采用单一的注浆、注氮、注凝胶、喷洒阻化剂、加快工作面推进度等防灭火技术措施都难以达到有效防治煤层自然发火的目的。因此,株柏煤矿采用综合防灭火技术措施。

(1) 针对掩护支架工作面的特点,利用束管监测,分别在区段回风平巷采空区上拐点、架尾、区段运输平巷、采空区下拐点设点监测,并定期采样分析,做好煤层自然发火的预测预报工作。

(2) 加强现场管理,提高回采进度。

① 加快支架安装和下放速度。

② 加大地沟断面,使风流畅通,减少架后漏风。

③ 下放支架时,尽量出尽架后遗煤。

④ 经常向架后采空区进行注水,以便吸热降温。

⑤ 支架拆除后,应及时封闭,并注浆。合理选择工作面几何参数,优化回采工艺,提高采出率,采取有效措施,减少区段煤柱损失。

(3) 采用风窗与局部通风机联合的均压通风防火技术,通过均压降低进、回风巷的风压差,减小采空区漏风,防止采空区浮煤氧化,同时可抑制采空区一氧化碳涌出。一般开采急倾斜煤层矿井属低瓦斯矿井,更适合均压防火。

(4) 采用埋管注(洒)浆、打钻注浆、采后集中注浆、随采随洒阻化剂等预防性注浆防火技术。

① 预防性注浆是将水、浆料按适当的比例混合,制成一定浓度的浆液,借助输浆管路送往可能发生煤层自燃的区域,以防止煤层自燃的发生。其机理主要有以下两个方面:一是浆液中的固体物沉淀后,充填于浮煤缝隙之间,包裹浮煤,隔绝氧气与煤体的接触,杜绝了漏风,防止了氧化;二是浆液中的水分有助于增加煤的外在水分,抑制了煤自热氧化的发展,同时有利于自热的煤体散热。预防性注浆是防治煤层自然发火的一项传统措施,也是目前使用比较成功、稳定性较好的一项措施。

② 埋管注(洒)浆或随采随洒阻化剂。回采前,在回风平巷预埋管路,沿走向 20～30 m 分段接 2 英寸(直径约 50 mm)胶管,随着工作面的推进,向其后方采空区均匀地洒浆或阻化剂。它能均匀地使采面,特别是下半段获得一定的浆量,起到预防效果。洒浆量及洒浆时间以不影响生产为原则,但对开切眼、溜煤眼处要加强洒浆。

③ 打钻注浆。根据工作面的具体情况,可在回风平巷布置顶板钻场,沿走向提前对工作面后方采空区打钻,待采后注浆,边采边注。对于开采浅部煤层工作面,还可以从地面对本工作面上区段开切眼、溜煤眼处施工钻孔进行注浆,加强对开切眼、溜煤眼处的封堵。对于坚硬顶板条件下采空区垮落不充分的工作面,洒浆量及洒浆时间以不影响生产为原则。

④ 采后集中注浆。工作面收作后,及时封闭,并采取注浆措施。上、下回采巷道均要埋管注浆,并对收作眼预埋浆管。必要时,可施工双道砖石墙或结合壁后打钻注浆或注凝胶,喷射混凝土封堵等,以减少漏风。

(5) 注氮防灭火。注浆防灭火在预防采空区下部浮煤自然发火方面具有良好的效果,但是对于急倾斜煤层来说,由于浆液的自然下流,对于采空区上部区域很难起到防治效果。因此,必须同时进行采空区注氮防灭火。淮南矿区结合柔性掩护支架工作面采空区自燃三带分布特点和工作面的推进速度,在区段运输平巷向采空区预埋注氮管,注氮管伸入采空区以里 15～20 m。通过注氮管,向工作面采空区注入高浓度氮气(大于 95%),注入的氮气借助于漏风,散布在采空区内,其作用在于:一是可以减少氧气含量,抑制和减缓遗煤氧化自燃的速度;二是提高了气体静压,降低了漏入采空区的风量,并且氮气在流经煤体时吸收煤氧化产生的热量,可以减缓煤温上升的速度和降低周围介质的温度,使氧化停止,冷却,从而达到防治采空区煤层自然发火的目的。

当架后煤炭自然发火时,一般采用直接灭火,即在掩护支架下面发火点进行注水和加快支架下放速度，使发火点处于伪斜状态，放出热煤使之熄灭。

3. 高冒区煤体自然发火防治措施

目前对高冒区火灾的处理主要有两种方法。一是直接灭火法，因为高冒区火灾火型较小，一经发现，可立即用水或打钻法直接浇灭，再用黄泥等不可燃物充填空洞，此法简单、灭火快，但易复燃。二是封闭巷道或工作面，墙内注浆和打钻注浆灭火，此法处理彻底、效果好，但时间长、影响大。

在巷道掘进过程中应根据急倾斜煤层倾角大、煤软易冒的特点，制定有针对性的施工措施，如及时支护，不空顶，坚持使用前探梁及撞楔等超前护顶，减少冒顶事故的发生。

高冒区必须用不可燃性材料充填严实，并对冒顶段巷道进行严密封堵，如喷射混凝土、注凝胶等；也可对高冒区先喷洒阻化剂或阻化凝胶，使煤的表面形成一层阻化薄膜，隔断煤与氧气的接触，再将腰帮、顶板背实。如不能及时充填高冒区，通风部门要用三通或导风板等保持高冒区的正常通风，使热量不能积聚。

高冒区火灾治理要以防为主，通风部门要建立高冒区台账，做好高冒区的气体预测预报工作，如发现异常，应立即采取措施进行处理，防止事故扩大。回采巷道在掘进时冒顶后，要及时向有关领导及有关单位汇报，切不可隐瞒不报而擅自处理，使通风部门无法掌握实情，给防火工作留下安全隐患。

四、 综合防灭火技术措施

1. 防灭火基本要求

(1) 生产技术部门必须从有利于防止煤炭自然发火的角度出发，从开采技术、巷道布置、采煤方法等方面进行合理优化设计，预防采煤工作面及采空区煤炭自燃。

(2) 采煤工作面巷道布置合理，实行独立通风，通风系统可靠，严禁出现不合理的串联通风，杜绝老空通风和微风作业。

(3) 提高煤炭采出率，减少采空区丢煤。

(4) 在正规的回采期间，应尽量保持设计的推进速度，在临时停产期间，要加大综合防灭火措施。

(5) 工作面结束生产后的其他工作期间，要调整工作面供风量。

(6) 撤面期间要根据支架出架位置设置临时密闭。

(7) 通风工区必须对自救器定期进行检查，确保入井的自救器性能完好。

2. 预防措施要求

(1) 建立完善的消防管路系统，与防尘管路合用。

(2) 在采煤工作面上隅角建立防火观测站，由矿兼职救护队员每班进行观测。

(3) 手工检测：用 DQJ-50 型多种气体检测器检查 CO、O_2、H_2S 等气体，光学甲烷检测器检查 CH_4、CO_2，矿用温度计检测温度。每天对回采面、进、回风隅角、回风流以及巷道高冒区等地点的 CO、CO_2、CH_4、温度检查一次，并上报矿领导审阅。

(4) 取样分析：对束管监测不到的地点、巷道高冒区、回风隅角等每天取样分析。

(5) 减少采空区漏风。在工作面回采过程中，随着工作面的推进而报废的行人小眼必须及时密闭并喷浆处理，减少采空区漏风，减少供氧量，从而达到防灭火的目的。密闭墙的构筑应符合下列要求：

① 密闭墙必须采用不燃性材料构筑；

② 墙体厚度不得小于 600 mm；

③ 墙体四周应与巷壁接实，掏槽深度不得小于 300 mm；

④ 墙体无重缝、干缝，灰浆饱满，不漏风。

采煤工作面开采结束后，对通向回采面的所有出口必须在 45 d 内进行永久性封闭，每周一次抽取采空区气样进行分析，并建立台账。

(6) 对巷道高冒区采用喷浆的办法处理，并定期检查高冒区内的气体温度等。

(7) 在工作面上下平巷敷设注氮管路，管路选用直径 50 mm 的铁管或 PVC 管。

(8) 加强职工的安全教育，提高职工对防灭火方面的认识。任何人在十一采区嗅到有煤油味、汽油味、松节油味或煤焦油味等自然发火征兆时，都应视火灾性质、灾区通风和甲烷情况，立即采取一切可能的方法直接灭火，控制火势，并迅速报告矿调度室，调度室接到井下火灾报告后，立即按照矿井灾害预防和处理计划通知有关人员组织抢救灾区人员和灭火工作。

(9) 利用好 KSS-200C 型束管监测系统，对 31117 回风巷、采空区进行连续监测，搞好预测预报。束管引自分路箱敷设在 31117 回风巷，束管监测探头安设在工作面上隅角，应水平悬挂在顶板完好、无滴水、便于保护的监测地回风流中，且应靠近巷道顶部，吸气口应正对风流方向，能正确反映该点测值的地点。采煤工作面监测探头布置在距采面上隅角不大于 2 m 处，距离底板不小于 1.5 m，并随工作面推进向外挪移。系统每天进行分析，并每 7 d 利用人工取样分析进行对照

(10) 每季度绘制一次防灭火系统图，每月修改补充一次。

(11) 设置防火门墙。采煤工作面形成生产和通风系统后 10 d 内，按照设计确定的位置和规格，构筑好防火门墙。密封防火门所用的板材，厚度不得小于 30 mm，每块板材宽度不小于 300 mm，并要外包铁板。封闭防火门所用的木板要逐次编号，排列摆放整齐，指定人员负责定期检查。

3. 治理措施要求

(1) 当回采面采空区出现自然发火征兆时，必须停止作业，立即采取有效措施处理。在发火征兆不能得到有效控制时，必须撤出人员，封闭危险区域。进行封闭施工作业时，其他区域所有人员必须全部撤出。

(2) 当回采面采空区出现自然发火征兆，自然发火标志气体呈上升趋势时，采取下列措施：

① 采取架头注水，进、回风端头构筑防火墙等措施。

② 向采空区进行注氮，要求氮气源稳定可靠，注入的氮气浓度不小于 97%，同时指定专人加强检测，防止空区内的甲烷、CO 等气体涌到工作面，发生甲烷、CO 事故。

(3) 回采面自然发火严重，失去控制时，要立即封闭回采面，并在两平巷密闭留出观察孔、措施孔，对火区实行注氮、均压通风等措施，待火熄灭后启封。

(4) 封闭火区时，应尽量缩小封闭范围，并必须指定专人检查甲烷、氧气、一氧化碳、煤尘以及其他有害气体及风向和风量的变化，还必须采取防止甲烷、煤尘爆炸和人员中毒的措施。

(5) 巷道高冒区发生自然发火时，首先对发火点周围进行喷浆，并在火区内设置检测

孔，根据检测情况确定火是否熄灭。注水、注浆灭火时必须编制安全技术措施。

(6) 火区同时具备下列条件时，方可认为火已熄灭：

① 火区内的空气温度下降到 30 ℃以下，或与火灾发生前该区的日常空气温度相同。

② 火区内空气中氧气浓度降到 5%以下。

③ 火区内空气中不含有乙烯、乙炔，一氧化碳浓度在封闭期间内逐渐下降，并稳定在 0.001%以下。

④ 火区的出水温度低于 25 ℃，或与火灾发生前该区的出水温度相同。

⑤ 上述指标持续稳定的时间在 1 个月以上。

启封已熄灭的火区必须制定安全技术措施，由救护队负责完成。

(7) 火区管理：

① 绘制火区位置关系图，注明所有火区和曾经发火的地点。每一火区都要按形成的先后顺序进行编号，并建立火区管理卡片。火区位置关系图和火区管理卡片永久保存，并悬挂火区管理牌板。

② 防火墙挂牌管理，定期检查，并将检查结果记录在防火记录簿内。

(8) 其他的火灾预防和治理措施：

① 入井人员严禁携带烟草和点火物品，严禁穿化纤衣服。

② 加强电气设备管理，杜绝失爆现象，严禁带电作业。

③ 严格执行爆破管理制度，爆破使用水炮泥，防止爆破火焰引发火灾。

④ 井下严禁使用灯泡取暖和使用电炉。井下使用的汽油、煤油和变压器油必须装入盖严的铁筒内，由专人押运送到使用地点，剩余部分必须运回地面，严禁在井下存放。

⑤ 井上下要设立消防材料库，材料库内装备沙、水龙带、锹、镐、灭火器等，配备齐全。

⑥ 矿值班调度人员和在现场的跟班区长、班组长要按照灾害预防和处理计划的规定，将所有可能受火灾威胁地区中的人员撤离，并组织人员灭火。电气设备着火时，要首先切断电源；在切断电源前，只准使用不导电的灭火器材进行灭火。但是，要防止由于火风压产生风流逆转而造成人员伤亡。在抢救人员和灭火过程中，指定专人检查甲烷、一氧化碳、煤尘、其他有害气体及风量和风向的变化，还必须采取防止甲烷、煤尘爆炸和人员中毒的安全技术措施。

⑦ 采煤工作面附近、油脂存放地点、移动变电站，必须放置两只干粉式灭火器。

第五节 “一通三防”安全技术措施

一、 瓦斯

(1) 严格执行《煤矿安全规程》的规定：便携式甲烷检测仪的调校、维护及收发必须由专职人员负责，不符合要求的严禁发放使用。

(2) 甲烷传感器应垂直悬挂在架头，距离顶梁不超过 300 mm、距离巷道侧壁不得小于 200 mm，安设时要避开顶板破碎、淋水的地点。

(3) 严格执行甲烷巡回检查和“一炮三检”制度，工作面瓦斯检查每班不少于 2 次，发现异常时必须及时汇报处理，并严格执行矿生产部门制定的防瓦斯、煤尘措施。严禁出现空检、漏检现象。

(4) 严格执行瓦斯管理制度，当工作面回风流中甲烷浓度达到0.8%时，停止使用风煤钻湿式打眼且不准爆破，当回风流中甲烷浓度达到1.0%时，必须停止作业，并撤出人员，切断电源，查明原因，汇报调度室，由矿总工程师组织有关人员采取措施进行处理。

(5) 下井人员必须随身携带自救器，熟悉其使用方法，并对其定期检查更换，确保其完好有效。

二、煤尘

(1) 认真执行综合防尘措施，保障防尘用水有充足的水量和符合要求的水压。

(2) 严格通风、瓦斯、煤尘管理，搞好综合防尘工作，打眼时采用湿式钻眼、爆破前后要洒水灭尘、冲洗井壁巷帮、装煤岩洒水、煤层注水、净化风流和使用水炮泥等综合防尘措施。

(3) 工作面有完善的防尘洒水管路系统。

(4) 工作面进、回风巷必须安设风流净化水幕。具体安装位置：工作面回风巷安设两道覆盖全断面的净化水幕，距工作面煤壁30 m处安装第一道水幕，距回风口5～10 m处安装第二道水幕，且挂牌管理，第二道保持常开。工作面生产时，两道水幕保持常开，且派专人负责。进风巷道内安设两道净化水幕，第一道距进风巷道口不大于30 m，第二道距工作面距离不得大于50 m。所有净化水幕必须完好，能覆盖巷道全断面。

(5) 定期冲刷巷道。进、回风巷设置专用防尘软管，定期冲刷巷道，确保无积尘。工作面回风巷中架头前100 m范围内每班冲尘一次；100 m外的巷道每天一次冲尘，防止厚度超过1 mm、连续5 m长度的粉尘堆积。

(6) 搞好个体防护，进入工作面及回风侧的工作人员必须坚持佩戴防尘口罩。

(7) 工作面溜煤小眼口安设一组喷雾降尘装置，保证喷雾正常使用。

(8) 机电设备上的煤尘，应班班清理，无煤尘积聚。

(9) 严格执行规定的防尘制度，每班对防尘设施进行检查，对不合格的防尘设施及时维修。

三、防灭火

(1) 严禁携带烟草和点火物品，入井人员严禁穿化纤衣服。

(2) 加强电气设备管理，杜绝失爆现象，严禁带电作业。

(3) 井下使用的汽油、机油等必须装入盖严的铁筒内，由专人押运到使用地点，剩余部分必须运回地面，严禁在井下存放。井下使用的润滑油、棉纱、布头和纸等，必须存在盖严的铁桶内；用过的棉纱、布头和纸，也必须放在盖严的铁桶内，并由专人定期送到井上处理。

(4) 加强巷道支护维修，杜绝空帮、空顶，严禁堆积浮煤。

(5) 已经报废或无用的巷道应及时充填或封闭。

(6) 建立完整的防火系统，工作面回采结束后及时封闭。

(7) 在配电点各配置2个灭火器，1个灭火砂箱，砂箱存砂量不低于0.2 m^3。

四、安全监测

(1) 为确保煤矿安全监测设备的产品质量，安全监测设备必须符合国家有关标准和行业标准，下井前应检查其产品合格证、煤矿矿用产品安全标志及安全性能；检查合格并签发合格证后，方准入井。

(2) 矿井必须装备安全监控系统、人员位置监测系统、有线调度通信系统。

(3) 煤矿安全监测装备必须按有关规定定期进行调校、校正，每月至少进行一次。甲烷传感器、便携式甲烷检测报警仪等采用载体催化元件的甲烷检测设备，每 15 d 必须用标准气样和空气样调校 1 次。每 15 d 必须对甲烷超限断电功能进行测试。

(4) 安全监测设备之间使用专用阻燃电缆连接，严禁与调度电话电线和动力电缆等共用，确保本质安全防爆性能。

(5) 必须每天检查甲烷断电仪及电缆是否正常，使用便携式甲烷检测报警仪或便携式光学甲烷检测仪与甲烷传感器进行对照，并将记录和检查结果报检测值班员；当两者读数误差大于 0.05%时，先以读数较大者为依据，采取措施并必须在 8 h 对 2 种设备调校完毕。

(6) 甲烷断电仪在井下连续使用 6 个月以上，应运到井上进行全面检修、调试、校正。

(7) 甲烷断电仪发生故障时，必须及时处理，在处理故障期间必须采用人工检测等安全措施，否则必须停产修复。因故障检修与检测装置关联的电气设备，需要停止甲烷断电仪的运行时，必须在甲烷检查人员在现场的配合下，进行检修工作。

(8) 甲烷断电仪的安装布置：

① 安装甲烷断电仪时，必须按产品使用说明书的要求在入井前，经过 48 h 的通电运行，调试合格后方可下井安装。严禁不合格的甲烷断电仪在井下使用。

② 甲烷断电仪的供电电源必须取自被控制开关的电源侧，严禁接在被控开关的负荷侧。

③ 安装后要进行运行前的各项指标的调试，合格后方可交付使用。井下调试不合格的，必须立即更换或上井检修鉴定。

第六节　常见故障与处理措施

采用柔性掩护支架采煤法易发生支架下放时产生扭斜、支架悬空、断绳、窜矸、啃顶、啃底、叠架等故障，给工作面推进造成困难。根据现场施工总结出一系列处理方法，指导工作面的正常回采。

1. 支架下放时产生扭斜

产生原因：分段开采时，开采深度不统一或开采推进速度不协调。铺设掩护支架时支架未能安装紧固或下放次数过多，系统钢丝绳构件在结构中受到反复的拉伸力造成连接钢梁的螺栓、绳卡的松动，从而导致部分掩护支架的侧向移动，脱离柔性的系统整体出现局部扭斜。

相应的处理措施：及时发现并通过有效办法去除系统结构顶板或底板的局部碎石，外部加大掩护支架的切入端下放距离，使得结构系统逐步恢复正常状态。

2. 支架悬空

产生原因：煤层变厚，煤质变软，发生顶底煤片帮，造成支架失去支撑，悬空。

相应的处理措施：利用立柱、撑木支住支架及顶底板空间，逐步将支架下放到正常位置

3. 断绳

产生原因:操作及管理不当,支架下放时产生扭斜、褶皱,使钢丝绳受张力过大;绳卡松动、脱落,致使支架扭斜受力不均。

相应的处理措施:发生断绳后,必须立即停止采煤,迅速用 8～10 m 的短钢丝绳和 8～12 个绳卡将断脱两端连接好。在生产过程中,要注意检查绳卡,螺栓是否拧紧;严重锈蚀、断丝超过规定的钢丝绳必须及时更换,并尽量保障全工作面开采深度的统一性。

4. 窜矸

产生原因:由于支架上肢离顶板过远(300 mm 以上)或当工作面顶底板破碎或煤层增厚、煤质松软时,支架顶端的煤炭垮落后,支架顶部与顶板间会出现部分空隙,支架上部顶板侧采空区矸石会大量窜入;或由于爆破时炮眼布置不当、装药量过大,崩坏地沟两侧煤帮和顶底板。

相应的处理措施:发生窜矸时,必须先清理干净杂物,保证退路畅通无阻,利用坑木做成假顶,再利用棚子或迈步支撑及时移架到位,封闭窜矸位置。为了防止支架远离顶板,必须在回采过程中每茬煤向顶板方向打一探眼,探明支架距顶板距离,如果远离顶板必须及进扒下肢煤而向顶板方向移架。

5. 支架过断层或煤层变化带来的问题

掩护支架通煤层断层或变化带时均可能引发以上四方面的问题。

相应的处理措施:当断层断距大于 1 m,使煤层完全断脱时,只能撤架重新铺设掩护支架。若断层断距小于 1 m,褶曲、煤厚变化不大,可适当挑顶、破底,借助于留顶煤或底煤,调大支架仰角或俯角,经多次调整,可使支架处于正常位置。

6. 啃顶

产生原因:工作面遇特殊地质构造或支架行走不当造成的,支架上肢被顶板凸起岩体卡住。

相应的处理措施:利用打在下肢的棚子或者使用千斤顶和上、下方支架的拉力向底板方向移架将上肢拖离顶板,还可以用打眼爆破顶板凸起岩体的方法破夹石。

7. 啃底

产生原因:工作面遇特殊地质构造或支架行走不当造成的,支架下肢被底板凸起岩体卡住。

相应的处理措施:利用打在上肢的迈步支撑和上、下方支架的拉力向顶板方向移架将下肢拖离底板,还可以用打眼爆破底板凸起岩体的方法破夹石。

8. 叠架

产生原因:由于工作面各眼段推进速度不一致,端煤落煤高度超过煤层厚度所致。

相应的处理措施:发生叠架故障时,要求其前段减小端煤落煤高度或停止采煤,利用支撑减小叠架上部的支架向下移动距离;及时拆除架尾的多余支架,加大叠架下部支架的移动距离,分多次逐渐将叠架处支架抻开。

9. 支架行走困难

产生原因:由于支架上方无垫层或垫层厚度不够所致。

相应的处理措施:将上区段采空区的矸石放下来,保证架后方有 3 m 以上的垫层。安装支架过程中严禁扒架后煤炭。

第七章　急倾斜煤层安全高效采煤在株柏矿的实践

临沂煤田位于山东省临沂市、郯城、兰陵 3 县（市）境内，矿区内地形平坦，地面标高＋50 m到＋70 m，地势自西北向南逐渐降低，沂河自北向南纵穿煤田东部，向南流入江苏省内进入黄海。区内地质构造以青云山断层纵贯煤田中央，延深长，落差大，东升西降，使煤田含煤带分成东西两个条带。区内亦有数条东西向断层，在煤田南段近与地层走向垂直，以朱陈、兰山斜切断层为代表切割南北断层，加上岩浆活动，特别是侵入到山西组第二、三层煤的岩床、岩脉及不规则的岩体严重破坏了煤层的稳定性，使煤层增厚、变薄、分叉，造成煤层局部不可采成为鸡窝状，有的煤质变为天然焦。煤田地层走向近南北，倾向东，倾角 20°到 65°，含煤面积 28.2 km^2，属半隐蔽式煤田。

临沂煤田处于郯庐断裂带之唐吾-葛沟断裂与汶泗大断裂的交汇部位。由于断裂带自燕山运动起岩浆活动强烈，浅成侵入岩及脉岩类广泛侵入煤系，吞蚀煤层并使煤层大范围内接触变质形成无烟煤和天然焦。

第一节　矿井概况

山东东山矿业有限责任公司株柏煤矿位于山东省临沂市郯城县城北约 25 km，行政区划隶属郯城县李庄镇管辖。矿井原名称为临沂矿务局株柏煤矿，始建于 1988 年 12 月，1992 年 12 月正式投产，设计生产能力 21 万 t/a。2002 年企业改制后更名为山东东山矿业有限责任公司株柏煤矿，为省属国有企业，隶属于山东能源临沂矿业集团有限责任公司。矿井核定生产能力为 30 万 t/a。

2009 年矿井提出扩界申请，2010 年山东省国土资源厅以鲁国土资字〔2010〕1452 号文件批复划定了矿区范围。扩界后矿区范围由 13 个拐点坐标圈定，新增矿区面积 3.491 1 km^2，开采深度－10～－1 000 m，增加地质储量 411 万 t。2015 年 11 月山东省国土资源厅颁发了新的采矿许可证。

矿井井田面积 7.58 km^2，开拓方式采用立井、暗斜井开拓，采煤方法采用高档普采、柔性掩护支架采煤法。主采山西组二、三层煤，煤层赋存较稳定。煤炭品种主要为肥煤、天然焦两种，质量优良，属低灰、低硫、低磷、高发热量的优质炼焦煤。

矿井保有资源储量 880.6 万 t（原矿区 469.6 万 t，扩界区 411.0 万 t），矿井可采储量为 390.05 万 t（其中原矿区 185.23 万 t，扩界区 204.82 万 t）。矿井剩余服务年限 9.3 a。

近年来，株柏煤矿在集团公司正确领导下，始终坚持创建“四个领先、四富临矿”的战略部署，秉承“明德立新 包容超越”的核心价值观，以科学发展、可持续发展为主题，以安全生产和经济效益为中心，大力实施科技兴企战略，不断深化改革、创效，扎实推进“四化四型”矿井建设。历经多年的发展，株柏煤矿已成为一座“优质、高效、精干”的现代化矿井，成功建成“临沂效益第一矿”。矿井先后被评为山东省思想政治工作先进单位、省煤矿安全文化示范企业、省煤矿安全宣传工作先进单位、省十佳煤矿、省级守合同重信用企业、省管企业精神文明建设文明单位、省煤矿瓦斯治理工作体系建设“达标矿井”、省瓦斯治理示范矿井。

第二节　工作面地质条件

31117 采煤工作面位于十一采区南翼。井下标高 −638.4～−606.9 m，南部以 F23 断层保护煤柱线为界，上部为 31117 回风巷，下部为 31117 中间巷、31117 运巷，北部以十一采主副下山保护煤柱线为界。北部为正在开拓的十三采区，距离本采区较远；南部为井田边界；东部未开拓；西部为 31115 回风巷。其具体位置及井上下关系见表 7-1 所示。

表 7-1　工作面位置及井上、下关系

水平名称	三水平	采区名称	十一采区
地面标高	+50 m	井下标高	−638.4～−606.9 m
地面相对位置	井上：31117 工作面地面位置位于东立井南偏西 1 400 m，空旷农田。地势平坦，无建筑物		
井下位置及工作面周边四邻的采掘生产情况	31117 采煤工作面位于十一采区南翼，十一采区 −650 m 至 −605 m 区段，北部为正在开拓的十三采区，距离本采区较远；南部为井田边界；东部未开拓；西部为 31115 工作面。 本工作面位于十一采区南翼，北部为正在开拓的十三采区，距离本采区较远；东部为设计的十二采区，尚未开拓，对该工作面回采均无影响；南部、西部均为井田边界		
回采对地面设施的影响	对应地表为农田，回采区域内，地表地势比较平坦，无其他河流、湖泊、水库等地表水系。预计回采后对地表建筑物无影响		

开采煤层为三层煤，通过对地质资料分析和 31117 切眼证实，该工作面范围内，三层煤赋存稳定，全区为可采煤层，煤种为气煤或肥煤，煤层厚度在 2.6～6.6 m 之间，平均厚度为 4.6 m。煤层情况见表 7-2。

表 7-2　煤层情况

煤层厚度/m	$\frac{2.6\sim6.6}{4.6}$	煤层结构	简单	煤层倾角	$\frac{45^\circ\sim65^\circ}{55^\circ}$
开采煤层	3	煤种	煤气、肥煤	稳定程度	较稳定
煤层情况描述	工作面回采的煤层为二叠系山西组三层煤，该煤层结构简单，多属于半亮型煤，具有条带状结构，节理较发育，多属低变质气煤-肥煤。煤层走向近南北，倾向东，倾角 45°～65°，平均 55°。				

三煤为厚煤层，顶板主要为砂质泥页岩，厚 6～10.0 m，平均厚 8.0 m，硬度较大，水平层理发育。伪底主要为碳质泥岩，局部黏土岩，厚 0.29～0.65 m，平均厚 0.4 m。基本底为灰色砂岩，成分以石英为主，砂泥质胶结，局部含泥砾，厚 30～38 m，平均厚度 35.73 m。煤层顶、底板情况见表 7-3。

根据三维物探情况可知，该工作面回采过程中无断层经过。根据 31117 切眼、31117 回风巷、31117 中间巷、31117 运巷揭露情况可知，该工作面水文地质条件简单，对边界留设

50 m的防隔水煤柱,不会影响安全生产。

表 7-3 煤层顶、底板情况

顶底板名称	岩石名称	厚度/m	岩性特征
直接顶	砂质泥页岩	8.0	黑灰色,夹煤线条,水平层理发育,局部含 FeS_2
伪底	碳质泥岩	0.4	黑色、易碎,具可塑性,含碳质
基本底	砂岩	35.73	灰色,成分以石英为主,砂泥质胶结,局部含泥砾

第三节 采煤方法

一、 巷道布置

依据该工作面平均煤厚 4.6 m,倾角 55°的煤层地质条件,选择伪倾斜柔性掩护支架采煤法,全部垮落法处理采空区。

31117 工作面上下平巷基本相互平行,与开切眼垂直布置。上下平巷之间的段高高差为 40 m。在－650 m 南大巷掘进石门见煤后向南掘 31117 运巷,沿 31117 运巷掘进集中溜煤小眼和集中行人小眼,集中溜煤小眼与集中行人小眼掘进至－636 m 标高后采用联络巷连通,并沿－636 m 标高掘进 31117 中间巷,31117 中间巷与回风平巷段高高差为 32 m,中间巷掘进至工作面边界布置两条切眼,切眼与－605 m 水平的 31117 回风巷贯通,形成完整的通风、运输、生产系统。

二、 巷道支护

工作面运输平巷在－650 m 标高沿三煤顶板布置,采用锚网喷支护,巷道净宽 2.8 m,墙高 1.5 m,拱高 1.1 m,净断面积为 6.53 m^2。

集中溜煤小眼、集中行人小眼采用净断面 1.4 m×1.4 m 的矩形断面盘式支架支护。集中溜煤小眼与集中行人小眼相距(8±1) m(中-中),每一条集中溜煤小眼和集中行人小眼为一组,工作面设计使用四组,即每组之间间距 70～100 m,集中溜煤小眼与集中行人小眼采用梯形断面工字钢棚支护或锚网索支护。

工作面中间巷通过集中溜煤小眼、集中行人小眼与 31117 运巷相连,另一侧直接连接工作面,巷道净宽 2.6 m,墙高 1.5 m,拱高 1.0 m,净断面积为 6.06 m^2。

工作面回风平巷在－605 m 水平沿三煤顶板布置,采用锚网喷支护,巷道净宽 2.6 m,墙高 1.5 m,拱高 1.0 m,净断面积为 6.06 m^2。

采煤面切眼布置在工作面南部设计边界,采用净断面 1.4 m×1.4 m 矩形断面盘式支架支护。开切眼不少于两条,相距(8±1) m(中-中),并沿开切眼倾斜方向每隔(8±1) m(中-中)布置净高 1.6 m,上净宽 1.6 m,下净宽 2.4 m 的梯形铁棚支护的联络巷。

溜煤上山布置在工作面下端,上部与工作面连通,下部与溜煤煤门连通,长度不大于 8 m。采用矩形盘式支架支护,净断面规格为:高×宽＝1.4 m×1.4 m(铅垂高度约为 2.09 m),盘距 0.45 m(中-中),主要用于溜煤。

三、 掩护支架结构

采用11#矿工钢加工而成的“八”字形架口宽度2.8 m的矿用支架，支架分为架背、架爪上肢和架爪下肢三部分，上下肢各带一个小弯，架爪上肢长(700＋700) mm，架背长1 300 mm，架爪下肢长(500＋300) mm，上部两个弯的角度为150°，架爪下肢与架背夹角145°，下肢拐弯角度150°。

四、 采煤工艺

倾斜柔性掩护支架采煤法的回采工艺主要有支架安装、破煤、扒煤及走架、放垫层、架外放爆、支架拆除等环节。

(一) 支架安装

(1) 安装时，将支架的上肢紧靠顶板，使其架背与顶底板夹角不小于15°。支架安装后高度不小于1.8 m，宽度不小于0.7 m。

(2) 支架保持0.125 m(中-中)的间距(每米8架)，每米必须安设1根焊有防滑翅的支架。支架紧跟顶板安装，沿煤层走向方向摆正，放稳、放牢，支架上肢保持水平，保证支架安装紧贴巷壁。自开切眼开始沿推进方向按角度25°～30°的坡度割煤下放支架。

(3) 在上、下肢和架背两端各用2根托架大绳(ϕ24 mm的钢丝绳，长度30～40 m)和U型丝、夹板与支架卡紧连成一体。托架大绳上肢与架背、架背与下肢两道钢丝绳的固定夹板成“八”字形安装，钢丝绳保持平直，紧固有效。

(4) U型丝、螺帽要拧紧，扭矩力不小于150 N·m。支架呈紧密排列，支架安装5 m后，将支架尾部大绳各挽回3.5 m，用8道卡子与支架卡紧。当支架安装20 m后进行下放。

(5) 支架装好后，下放前，在支架上肢下靠近煤壁一侧及时支设单体液压支柱，单体支柱必须用防倒绳系在支架上部的托架绳上，并固定可靠。支柱的柱距(2±0.5) mm。为保持支架平、直及起到移架作用，工作面内的单体支柱初撑力不小于1 MPa。

(6) 防倒钢丝绳：采用绳径不小于8 mm、股数为六股、同捻向的钢丝绳。钢丝绳长度为1～1.2 m。固定单体支柱时，分别将钢丝绳的两端破开0.3～0.4 m，每端破为两股，每二小股为一股。工作面内防倒绳固定：钢丝绳的一端固定在支架与支架之间的托架大绳上。固定时将一股钢丝绳穿过支架与支架之间的托架大绳，再将两股钢丝绳分别向两个方向交互捻结在一起，捻结时每股缠绕次数不小于3次。钢丝绳的另一端固定在单体支柱的上端柱帽下，将一股钢丝绳绕过下端后，再将两股钢丝绳分别向两个方向交互捻结在一起，捻结成圆环，捻结时每股缠绕次数不小于3次，捻结的成圆环内径与柱帽外径差不得大于20 mm。

(二) 破煤工艺

工作面采煤按循环割面，每循环自下而上割煤，严禁反向割煤。工作面采用风煤钻打眼，爆破落煤，同时辅以风镐落煤，自下而上分段进行，一般每段的长度为(20±2) m，一个小班割煤36～44 m。

(1) 安全检查：进入工作面打眼前，必须进行安全检查。检查煤壁伞檐、悬矸、通风、爆破情况和支架行走情况是否正常；检查单体支柱支设情况和防倒绳是否牢固、有效、正确、可靠。发现隐患，必须立即处理。

(2) 打眼:打眼前先检查风煤钻和风管连接是否牢固可靠,周围支架是否完整,煤壁无伞檐、悬矸等,确认安全后按照爆破图表一人持风煤钻打眼,一人点眼并扒净炮眼周围的浮煤。点眼时要开小风,等钻进深度 50 mm 后,再加大风压推进。

(3) 工作面炮眼布置:

① 布置形式:布置两排,炮眼深度 1.0 m。

② 炮眼间距:沿伪斜方向的间距 1 m,顶底板方向眼排距 0.8～1.0 m。

③ 炮眼角度:与工作面呈 70°夹角。

(4) 装药前,爆破工提前在安全地点做好起爆药卷。制作起爆药卷必须在人员较少,无杂散电流的安全地点进行,此项工作由爆破工完成。做完起爆药卷后,引线必须缠绕在药卷上,两引线扭结短路,用专用木箱运到工作面。打眼后,对炮眼进行检查。工作面装药时,停止一切与装药无关的工作。

(5) 班组长必须亲自布置专人在警戒线和可能进入爆破地点的所有通路上担任警戒工作,警戒人员在距爆破地点 100 m 以外有掩护的地点站岗、拉线挂牌,每次爆破都需专人站岗、撤岗,岗哨设好后任何人不得进入爆破警戒线以内。

(6) 装药必须采用正向装药,按照爆破说明表,把起爆药卷放到炮眼内,一手用炮棍顶住起爆药卷,一手拽住雷管脚线,把药卷轻轻送至眼底,把炮棍拔出,然后填入 30～40 mm 的炮泥,再填入水炮泥 1 个,最后用炮泥封满。装药后,必须把电雷管脚线扭结悬空,严禁电雷管脚线、爆破母线与支架、煤壁等导电体相接触。

(7) 采用串联连线,一次起爆时,最后一段的延期不得超过 130 ms,起爆顺序是 1、2、3、4、5 段。

(8) 爆破前,爆破母线必须扭结短路。班组长必须清点人数,确认无误后,方准把爆破命令牌交给瓦斯检查员。在由瓦斯检查员检查甲烷、煤尘浓度合格后,把爆破牌交给爆破工,爆破工接到起爆命令后,必须先发出爆破警号,至少再等 5 s,方可起爆。爆破工必须在距爆破地点 100 m 以外有掩护的地点进行起爆。

(9) 爆破前后,对工作面附近 20 m 的范围洒水降尘。爆破后 15 min,待工作面的炮烟被吹散,爆破工、瓦斯检查员和班组长必须首先巡视爆破地点,检查煤壁伞檐、悬矸、通风、爆破情况和支架行走情况是否正常;检查单体支柱支设情况和防倒绳是否牢固、有效、正确、可靠。发现安全隐患,必须立即处理。确认无危险后方可扒煤。

(10) “一炮三检”:工作面装药前、爆破前、爆破后,都必须检查工作面爆破地点沿工作面倾斜方向的两端各 20 m 范围内的工作面风流中的甲烷浓度以及起爆地点的甲烷浓度;若甲烷浓度达到 1.0%,不准装药、爆破。爆破后甲烷浓度达到 1.0%时,必须立即处理。瓦斯检查员要认真、及时填写“一炮三检”检查记录。

(三) 扒煤及走架工艺

扒煤时,自下而上把溜子铺在一侧,扒煤工必须站在另一侧侧身扒煤。大块煤、矸必须砸碎后再下放。要边扒煤边放架,严禁放煤时堵严后路(即眼口)。溜子道和溜煤眼放煤时,严禁有人,如溜子道部分地段溜子不能自溜,需人工扒煤,扒煤工上前方支设两根单体作护身柱。人员上下时,必须停止扒煤工作。

扒煤的一般原则:扒煤以下放支架为目的,扒煤前必须确定支架的行走方向——向顶板方向移架,先扒下肢煤;向底板方向移架,先扒上肢煤。要听从跟班区长和班组长的指挥,坚决杜绝趴架、仰架、啃顶、啃底、窜矸现象的发生。扒煤放架时必须注意手脚不要靠近支架上、下肢，不要扶、拉钢丝绳，以免支架突然移动而造成事故。支架上肢要与煤壁卡严，防止窜矸。支架上肢距煤壁超过 0.3 m 时，用单体支柱及时向前移架，或用单体支设木料堵严缺口。下放支架时要时刻注意支架的行走情况，及时放架，杜绝支架悬空以免造成事故的发生。支架有仰架现象时，在仰架段下部用单体支柱打一横撑，顶牢下肢，用注液枪施加一定的压力后，用手镐或打眼爆破破掉上肢煤(岩)，使支架正常。支架有趴架现象时，在趴架段靠近煤壁用单体支柱打一立柱，顶牢上肢，用注液枪施加一定的压力后，用手镐或打眼爆破破掉下肢煤(岩)，使支架正常。任何情况下扒煤人员身体的任何部位严禁伸出掩护支架之外，在架内工作身体要始终保持前倾姿势。

（四）放垫层工艺

随着工作面架头不断接架，当架头后的煤体未随工作面割面下放而垮落时，易造成架后垫层不足，顶板垮落的大块矸石易冲坏支架，造成安全隐患，故架后垫层厚度不得低于3 m，架后煤体未垮落的空区长度不得超过 5 m(即悬顶不得超过 5 m)。为防止接架时垮落的煤、矸滚落伤人，架头端部距垮落的煤、矸不得超过 1 m。

(1) 若悬顶超过 5 m 时，采取人工强制放顶作业。人工强制放顶时，工作面停止一切其他作业。

(2) 采用爆破的方法强制放顶形成架后垫层。打眼时人员要位于架头支护完整、牢固可靠的地点，向架后煤体用风煤钻打 3 个炮眼，炮眼深度不低于 5 m，向上呈 45°夹角，三个炮眼呈扇形布置，夹角一般为 20°～30°，每孔装药 0.15 kg，正向装药，然后依次装入炮泥、水泡泥，最后用炮泥封满炮眼。

(3) 爆破前检查好爆破地点与起爆地点的甲烷含量，超限时及时处理后方可爆破。在工作面下运巷、上运巷距爆破地点不低于 100 m 距离处爆破。

(4) 爆破完成后，等待 15 min 后等炮眼吹净后，由爆破工、班组长检查爆破后的支护、支架、煤体的稳定情况，发现安全隐患及时处理。

（五）架外放煤方式

由底板侧进行放煤作业，放架外煤采用长把工具配合手镐、钢钎进行。工作面内放架外煤时，放煤前必须在放煤口上下端沿倾斜方向打上不少于 2 根牢固可靠的单体液压支柱，同时该段支柱必须缩小间距，间距为 0.5～0.8 m，以防止支架突然下落伤人。放煤时，人员必须站在安全地点(放煤点斜上方)进行作业，放煤时人员的头、身体和四肢严禁进入采空区。工作面只准一组人员进行放煤作业，由下向上逐次进行，一轮放完后方可进行下一轮的放煤作业。放煤见矸后要及时停止，用木板、笆片等将放煤口背实，并将放煤口管理好，严禁将煤与矸石混出。工作面正常出煤时，严禁人员进行放架外煤作业。

（六）支架拆除工艺

当架尾下放至停采位置后，支架需要拆除以用于架头段接架，保持支架的循环利用状态。

(1) 拆架前，必须先清除架尾的浮矸杂物，保持畅通，架内的高度不得低于 1.6 m。架内松散的煤壁及时用手镐找掉，必须支设贴帮柱配合竹笆封闭严实，架尾的关门柱必须牢固可靠。

(2) 撤架前，架尾余绳挽回架内，用铁丝固定在架内的架子上，位置要适当，不影响施工安全。大绳随支架回撤，及时回拉，严禁埋入矸石。

(3) 拆架时，先拆除支架下部螺母，再拆中部螺母，最后拆上部螺母。下部螺母可以先回撤 8 架，但上部 U 型丝螺母要拆 1 架回 1 架，U 型丝螺母拆除后及时回支架，拆除时要面向架尾。

(4) 拆除支架使用手拉葫芦，手拉葫芦固定在架内适当的位置，用 U 型卡穿过支架与支架的大绳上，上牢夹板，螺帽必须满丝，挂牢手拉葫芦，另一端用手拉葫芦的铁链系牢支架，由里向外一根一根拆除。在回拉时手拉葫芦至回撤支架之间的绳道上严禁站人。架内要保持最后一根单体支柱至最后一根支架梁不大于 1 m。

第四节　正规循环作业和主要技术经济指标

1. 循环作业方式

31117 工作面采用“三八”制作业，日进一个循环。共同完成打眼、爆破、移架、装煤、运煤、安架、拆架等各项工作。具体施工工序及时间安排见图 7-1。

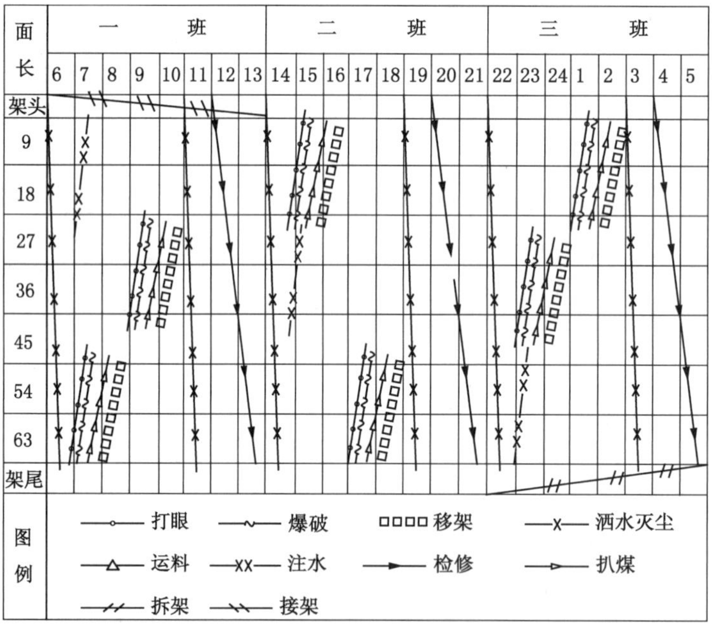

图 7-1　正规循环作业图表

2. 劳动组织

31117 工作面施工队由 30 人(出勤率按 80%安排)的回采队组成，每班由班组长统一指挥，分配工作，共同协调完成施工任务。工作面具体人员配备见表 7-4。

表 7-4　工作面人员配备及劳动组织表

工种	一班	二班		三班	合计
班、队长	1	1		1	3
爆破工	1	1		1	3
打眼工	1	1		1	3
安拆架工	2	2		2	6
攉煤工	兼职	兼职		兼职	
把钩工	1	1		1	3
电车司机	1	1		1	3
推车工	1	1		1	3
合计	8	8		8	24

3. 主要经济技术指标(表 7-5)

表 7-5　主要经济技术指标

序号	项目	单位	
1	工作面长度	m	63
2	采高	m	4.6
3	煤层生产能力	t/m^2	4.89
4	循环进度	m	0.8
5	循环产量	t	245
6	日产量	t	490
7	月循环率	%	90
8	月进度	m	43.2
	月循环数	(个)	54
9	月产量	t	13 230
10	在册人数	人	30
11	出勤人数	人	24
12	出勤率	%	80
13	回采工效率	t/ 工	20.42
14	坑木定额	m^3/ 万 t	18
15	单体(液压)支柱丢失率	‰	2
16	金属顶梁丢失率	‰	2
17	铁鞋丢失率	‰	5
18	炸药消耗定额	kg/万 t	800
19	雷管消耗定额	发/万 t	1 000
20	含矸率	‰	8

第五节　工作面矿压观测

(一) 矿压观测内容

采煤工作面的矿压观测主要包括：工作面内单体液压支柱阻力观测、顶底板移近量观测、巷道围岩表面位移观测、两巷超前支护范围内单体液压支柱阻力观测、底板载荷观测以及支护质量动态监测。

根据观测结果对工作面顶板活动规律、来压特征，工作面支架受力特点，支架对顶板的适应性和控制效果，超前支承压力影响范围和分布特点，顶板、煤层稳定性，工作面支护质量等进行定期分析，并进一步了解煤、岩体力学参数等基础数据。

1. 工作面的矿压观测

工作面完成一个正规循环后，分别在工作面上、中、下部各选取 1 棵单体支柱测压力，连续观测单体支柱支护阻力的变化情况，每小时观测一次，观测 3～5 个循环，观测煤壁松软、离层、片帮时单体支柱阻力变化情况。

2. 平巷的矿压观测

(1) 巷道围岩表面位移观测

利用两巷成巷期间设置的观测基点，并视情况补设部分基点，在上下两巷分别距切眼 60 m、80 m、100 m、120 m、140 m 处布置五个测区，用测尺和测枪测量巷道受采动影响过程中的顶底板及两帮移近量，每天观测一次，根据观测时间可算出移近速度。

(2) 两巷超前支护范围内单体液压支柱阻力观测

在工作面推进至 60 m 后，分别在上下两巷超前支护范围外端的支柱上测 2 棵单体支柱压力，连续观测单体支柱支护阻力的变化情况，每小时观测一次，观测 3～5 个循环。测站处同时设置一组顶底板移近量观测点，以便分析围岩变形时，支柱阻力的变化情况。

3. 支护质量监测

监测内容要包括支架初撑力、煤壁片帮情况、梁端距、采高及端面顶板冒落情况、两巷单体支柱初撑力、超前支护质量等。

观测时间要求：

(1) 工作面：观测到基本顶初次来压和六次周期来压。

(2) 两巷：观测至工作面推进 200 m 止。

(3) 支护质量监测：整个生产期间。

(二) 采煤工作面顶板来压及冒落观测方法

(1) 开采期间，严密观测采面内煤层变化情况，发现异常情况，必须停止作业，撤出人员，汇报工区值班人员及调度室。

(2) 开采期间，在打眼或装药时，若听到煤层中发出“咚咚”声，或较大的爆破声，就可确定是顶部来压较大，此时，应停止作业，撤离人员至安全地点，由安全生产管理人员确认无安全隐患后，方可进行作业。并及时汇报工区，工区技术员做好记录。

(3) 观测上下平巷安装的顶板离层仪的变化规律：

① 测点布置：沿上、下平巷走向每隔 100 m 布置一个测站。

② 顶板离层仪型号:KGE30B型。

③ 观测方法:由工区技术员每隔7 d观测一次,并填写观测台账,生产科技术员定期抽查台账并分析观测内容。

(4) 日常支柱支护质量动态监测:

① 利用单体测压仪检测端头超前支护及工作面单体压力,目的为检测其初撑力、工作阻力是否达到要求,最后将数据汇总,并计算出支护质量合格率(合格率不得低于90%)。

② 监测频率:每班监测一次。

③ 监测方式:采用抽查方式监测支柱压力,但超前支护不少于3棵,工作面不少于3棵。

第八章　主要结论与展望

在株柏煤矿急倾斜煤层长期开采实践的基础上，针对影响急倾斜煤层安全高效开采的各种问题，用理论分析、数值模拟和工程实践相结合的方法，深入研究了伪倾斜柔性掩护支架采煤法安全高效开采的工作面参数、巷道布置、正规循环作业与循环产量相关参数、柔性掩护支架结构及参数、支架快速安装技术、支架架后侧向放煤技术、工作面瓦斯治理及防治溜煤眼事故技术、工作面矿压显现特征，从而形成了株柏煤矿急倾斜煤层柔性掩护支架采煤法安全高效开采技术体系。

第一节　主要结论

1. 单体液压支柱在柔掩支架走架过程中的调节作用

柔性掩护支架采煤法安全高效开采技术利用单体支柱结合“八”字形柔掩支架进行支柱，改变了单纯采用柔掩支架或木支柱配合柔掩支架走架困难的缺点，单体支柱在柔掩面中的作用不单纯是支护支架，重要的是起到辅助调节支架行走方向的作用。

2. 根据煤层赋存情况选用合适的支架参数

运用相关力学理论对支架进行受力分析，确定了支架采用“八”字形结构及其基本参数，在使用过程中进行了多次改进，从而更方便爆破后支架在架后采空区矸石的推动下自动移架到合适位置。

3. 柔掩支架采煤法

(1) 工作面与采空区有效隔离保证了施工人员的安全；

(2) 金属支架增加了工作面支护强度；

(3) 上山掘进少，可以防止因煤层涌冒所造成的事故。

4. 柔掩支架采煤工作面参数要求

(1) 工作面沿煤层伪倾斜方向布置，坡度为 25°～30°，便于工作面溜煤和人员的安全作业。

(2) 工作面面长为 35～45 m，便于工作面推进。工作面过长容易导致叠架和窜矸；面长过短导致工作面安接架频繁，降低工效。

(3) 工作面架头长度不少于 3 m，有效防止工作面支架下滑。

(4) 工作面架尾长度不超过 5 m，便于支架正常行走。

5. 工作面巷道优化布置

上平巷沿煤层顶板布置，开切眼及溜煤(行人)小眼沿煤层底板布置，便于支架的安设和回撤，提高了煤炭的采出率。

6. 注水降尘

在回采过程中，由于煤层松软，容易产生煤尘，要采取煤层注水措施。沿工作面及上平巷间隔 1 m 打一煤层注水眼进行注水。

降尘注水封孔器是利用膨胀胶管作为密封件的封孔装置。压力水经过封孔器端头的喷嘴时，通过调整喷嘴前端的单向阀，使得胶管内的压力升高，促使胶管长度变短，直径膨胀到与钻孔的孔壁完全贴紧为止，当压力差达到单向阀调整的数值时，实现了封孔的目的并开始向煤壁进行注水。

7. 优点

柔掩采煤与原穿硐导垛采煤法（房柱式采煤法）优劣性比较，总结归纳为“三高四低一有利”。

（1）“三高”

① 安全程度高：柔掩采煤法开采时，伪斜角度为25°～30°，采用溜槽自溜运输。支架用ϕ26 mm的钢丝绳连成一体，人员有较强的安全感；而穿硐导垛采煤法开采时，由于掘进上山倾角较大，约50°，掘进时迎头容易向下片帮，发生砸伤职工手、脚和人在上山滚落的现象；回采时会出现煤矸冲坏关门柱砸伤职工手、脚等现象。

② 煤炭回收率高：柔掩采煤法二煤煤炭采出率达98%以上，三煤煤炭采出率达95%以上。穿硐导垛开采时由于无法控制采空区的矸石窜出，需要留设保护煤柱，二煤煤炭采出率仅为79%，三煤时煤炭采出率仅为75%。煤炭采出率的提高，减缓了矿井采掘接续紧张的局面，使全矿井的采掘接续关系达到平衡，有效利用了煤炭资源。

③ 平均日产量及块煤产量高：以二煤为例，柔掩采煤法开采时平均日产量为120 t/日；而穿硐导垛采煤法开采时平均日产量为60 t/日。块煤产量高：柔掩采煤法开采时的块煤产出率较穿硐导垛采煤法开采时的块煤产出率高出15%。

（2）“四低”

① 吨煤掘进率低：柔掩采煤法开采时，只掘进溜煤小眼，千吨煤掘进率为35 m；而穿硐导垛采煤法开采时掘进上山和横管，千吨煤掘进率为110 m，因此千吨煤掘进率降低75 m。柔性掩护支架已使用10 a时间，按每年15万t回采煤计算，已为企业节约掘进进尺12 500 m，每米掘进巷道成本按2 000元计算，共为企业节约掘进成本22 500万元。

② 材料消耗低：柔掩采煤法木材消耗仅为40 m^3/万t，而且所用钢丝绳为废旧提升钢丝绳，柔掩支架可循环利用，穿硐导垛法木材消耗为350 m^3/万t（掘上山及横管），因此，少消耗材料310 m^3/万t，木材价格按850元/m^{3}测算，节约材料费26.35万元/万t。

③ 炸药、雷管耗用率低：以二煤为例，柔掩采煤法开采时，只掘进溜煤小眼，其余为割面，炸药消耗为253 kg/千t，雷管消耗为756发/千t；而穿硐导垛采煤法开采时掘进上山、横管和放垛，炸药消耗为358 kg/千t，雷管消耗为1 057发/千t。

④ 通风费用低，节约电能：柔掩采煤法开采时，只掘进溜煤小眼时使用风机，割面时采用负压通风，而穿硐导垛采煤法开采时不论掘进上山和横管还是回采放垛均使用风机，因此同时可降低风筒的损耗，减少通风人员接风筒的工时。

（3）“一有利”

有利于采空区管理：柔掩采煤法开采时由于采出率高，能将煤体基本全部采出，有效地防止采空区自然发火。

在采煤方法改革过程中，还成功解决了如下技术难题：① 啃顶、啃底故障；② 窜矸故障；③ 叠架故障；④ 支架上方无垫层或垫层厚度不够；⑤ 绳头接绳处滑移（即钢丝绳连接处抽头）故障；⑥ 放底煤；⑦ 处理煤尘；⑧ 防止片帮。

第二节 展　　望

株柏煤矿近十年的开采实践证明，伪斜柔性掩护支架采煤法适用于倾角37°以上、厚度1.3～8.75 m，赋存稳定、构造简单的煤层，是开采急倾斜煤层的有效方法，同时掩护支架架后侧向放煤开采技术的发展与完善，为我国急倾斜厚煤层的安全高效开采提供了有效途径。为了进一步改进和完善该采煤方法，扩大应用范围，提高生产能力和改善技术经济指标，在未来的若干年内，需要在更高层次上进行如下研究与探索：

（1）优化巷道布置，降低万吨掘进率，解决好工作面开切眼和收尾时巷道工程量大的问题。

（2）掩护支架工作面爆破后，由于工作面空间被虚煤挤压，在出煤过程中仍有相当数量的炮烟逸出，这不利于工人健康，需发展机械出煤技术和相应的装备，实现出煤机械化。

（3）探索全部机械化开采的装备和工艺，以减轻工人劳动强度和在更高层次上提高工作面单产水平。

参考文献

[1] 崔希民，左红飞，王金安．急倾斜煤层开采地表塌陷坑形成机理与安全矿柱尺寸研究[J]．中国地质灾害与防治学报，2000，11(2)：67-69.

[2] 丁德民，马凤山，张亚民，等．急倾斜矿体分步充填开采对地表沉陷的影响[J]．采矿与安全工程学报，2010，27(2)：249-254.

[3] 董陇军，李夕兵，白云飞．急倾斜煤层顶煤可放性分类预测的 Fisher 判别分析模型及应用[J]．煤炭学报，2009(1)：58-63.

[4] 段红民，胡喜明，巫仕振．薄及中厚急倾斜煤层采煤方法优化研究[J]．煤炭科学技术，2008，36(2)：16-18，22.

[5] 范晓刚，王宏图，胡国忠，等．急倾斜煤层俯伪斜下保护层开采的卸压范围[J]．中国矿业大学学报，2010(3)：380-385.

[6] 高明中，余忠林．厚冲积层急倾斜煤层群开采重复采动下的开采沉陷[J]．煤炭学报，2007，32(4)：347-352.

[7] 高召宁，石平五．急倾斜水平分段放顶煤开采岩移规律[J]．西安科技大学学报，2001，21(4)：316-318.

[8] 郭春颖，李云龙，刘军柱．UDEC 在急倾斜特厚煤层开采沉陷数值模拟中的应用[J]．中国矿业，2010(4)：71-74.

[9] 胡国忠，王宏图，范晓刚，等．急倾斜俯伪斜上保护层保护范围的三维数值模拟[J]．岩石力学与工程学报，2009，28(增刊 1)：2845-2845.

[10] 黄庆享，黄克军，刘素花．急倾斜煤层长壁开采顶板结构与来压规律模拟[J]．陕西煤炭，2011，30(3)：31-35.

[11] 黄庆享，李冬，刘腾飞，等．急倾斜临界角煤层沿空留巷矿压规律与支护对策[J]．采矿与安全工程学报，2004，21(4)：44-46.

[12] 贾维志，徐伟．大倾角大采高综采工作面高产高效实践[J]．安徽建筑工业学院学报(自然科学版)，2010，18(3)：34-37.

[13] 鞠文君，李前，魏东，等．急倾斜特厚煤层水平分层开采矿压特征[J]．煤炭学报，2006，31(5)：558-561.

[14] 鞠文君，李文洲．急倾斜特厚煤层水平分段开采基本顶断裂力学模型[J]．煤炭学报，2008(6)：606-608.

[15] 来兴平，王宁波，胥海东，等．复杂环境下急倾斜特厚煤层安全开采[J]．工程科学学报，2009，31(3)：277-280.

[16] 来兴平，伍永平，张坤，等．多场耦合下急斜煤层开采三维物理模拟(2)[J]．西安科技大学学报，2009，29(6)：647-653.

[17] 李浩荡，张戈，袁吉兵．急倾斜立槽煤掘进工作面冲击地压的分析[J]．神华科技，

2011(3):24-27.
[18] 梁宁,童义学,冯晓琴.急倾斜特厚易燃煤层综放开采技术在华亭矿的应用[J].煤炭科学技术,2004,32(11):15-18.
[19] 刘峻峰,王国法.急倾斜特厚煤层开采微型放顶煤支架适应性分析[J].煤炭科学技术,2005,33(6):28-31.
[20] 刘士光,张涛.弹塑性力学基础理论[M].武汉:华中科技大学出版社,2008.
[21] 刘耀明,仇安东,谢飞鸿,等.急倾斜坚硬煤层预弱化放顶煤技术[J].煤矿开采,2009,14(2):17-19.
[22] 卢运海,马文峰,范凯.急倾斜三软煤层复合顶板综采工作面液压支架回撤技术研究[J].煤炭工程,2011,1(9):53-54.
[23] 麻勇.急倾斜煤层综采放顶煤高产高效应用实践[J].现代商贸工业,2010,22(2):304-305.
[24] 马亚杰,武强,洪益清,等.急倾斜煤层开采覆岩变形分析及其应用[J].煤炭学报,2009(3):320-324.
[25] 尚二考,张帅.大倾角煤层走向长壁综采工作面搬家安装实践[J].河北煤炭,2006(6):21-22.
[26] 邵小平,张红祥,石平五.急斜煤层分段放顶煤开采合理段高选择研究[J].中国矿业大学学报,2009,38(4):544-548.
[27] 石平五.急倾斜煤层大段高综放开采围岩变形监测研究[J].煤矿开采,2009,14(6):65-68.
[28] 石平五,邵小平.基本顶破断失稳在急斜煤层放顶煤开采中的作用[J].辽宁工程技术大学学报,2006,25(3):325-328.
[29] 田靖安,韩书才.急倾斜厚煤层坚硬顶板长壁综放采场矿压及控制[J].煤矿开采,2006,11(6):71-75.
[30] 汪成兵,张盛,勾攀峰,等.急倾斜煤层开采上覆岩层运动规律模拟研究[J].焦作工学院学报(自然科学版),2003,22(3):165-167.
[31] 王海山,宫延明,迟晓岩,等.大倾角双坡度综采工作面加长转采条件下复合回采技术实践[J].煤炭工程,2008(12):9-10.
[32] 王继龙,刘鹏程,张英.急倾斜工作面斜长变短的技术分析[J].煤炭工程,2010(6):45-46.
[33] 王金安,冯锦艳,蔡美峰.急倾斜煤层开采覆岩裂隙演化与渗流的分形研究[J].煤炭学报,2008,33(2):162-165.
[34] 王明立,胡炳南,程效海,等.急倾斜煤层群开采覆岩破坏与煤柱稳定性数值模拟[J].煤矿开采,2005,10(4):64-66.
[35] 王明立.急倾斜煤层开采底板岩层破坏机理研究[J].煤矿开采,2009,14(3):87-89.
[36] 王明立.急倾斜煤层开采岩层破坏机理及地表移动理论研究[D].北京:煤炭科学研究总院,2008.
[37] 王云鹏.急倾斜厚煤层短壁综采矿压显现规律研究[J].煤炭工程,2011,1(7):61-63.
[38] 吴绍倩,石平五.急斜煤层矿压显现规律的研究[J].西安科技大学学报,1990(2):1-9.

[39] 伍永平.大倾角煤层开采“R-S-F”系统动力学控制基础研究[D].西安:西安科技大学,2003.

[40] 伍永平,解盘石,任世广.大倾角煤层开采围岩空间非对称结构特征分析[J].煤炭学报,2010(2):182-184.

[41] 伍永平,员东风,张淼丰.大倾角煤层综采基本问题研究[J].煤炭学报,2000,25(5):465-468.

[42] 伍永平,张永涛,解盘石,等.急倾斜煤层巷道围岩变形破坏特征及支护技术研究[J].煤炭工程,2012,1(1):92-95.

[43] 杨宽荣,景源.急倾斜近距离薄煤层的开采[J].中国矿山工程,2006(4):13-15.

[44] 尹光志,代高飞,皮文丽,等.俯伪斜分段密集支柱采煤法缓和急倾斜煤层矿压显现不均匀现象的研究[J].岩石力学与工程学报,2003,22(9):1483-1488.

[45] 尹光志,王登科,张卫中.急倾斜煤层深部开采覆岩变形力学模型及应用[J].重庆大学学报(自然科学版),2006,29(2):79-82.

[46] 曾庆军.急倾斜较薄厚煤层综放开采技术研究与应用[J].煤炭技术,2006,25(5):38-40.

[47] 张芳,贾晓波,李忠华,等.急倾斜煤层底板巷道破坏因素探讨[J].采矿与安全工程学报,2003,20(1):3-5.

[48] 张飞,范文胜,孙建岭,等.大倾角综放面区段保护煤柱的参数优化研究[J].中国煤炭,2010(3):45-47.

[49] 张嘉凡,石平五,张慧梅.急斜煤层初次破断后基本顶稳定性分析[J].煤炭学报,2009(9):1160-1164.

[50] 张立杰,柴鑫,来兴平,等.急斜煤层EDZ围岩动态演化规律2D-BLOCK数值追踪模拟[J].西安科技大学学报,2008(4):613-618.

[51] 张涛伟,吴学明,蒋东辉.急倾斜煤层采空区覆岩局部化变形的特征分析[J].煤炭工程,2011(5):61-64.

[52] 张伟,张瑞新,王云鹏,等.急倾斜水平分层综放开采矿压显现规律[J].中国安全生产科学技术,2011,7(4):5-10.

[53] 张小兵,王忠强,张伟,等.急倾斜煤层可采工艺性评价及应用研究[J].中国矿业大学学报,2007(3):381-385.

[54] 赵德珍,王步青.急倾斜厚煤层长壁综放开采工作面巷道布置技术[J].煤矿安全,2007,38(8):40-43.

[55] 赵海军,马凤山,丁德民,等.急倾斜矿体开采岩体移动规律与变形机理[J].中南大学学报(自然科学版),2009,40(5):1423-1429.